世界一美味しいコーヒーの淹れ方

好的咖啡

HIDENORI IZAKI

（日）井崎英典 著

苏航 译

北京联合出版公司
Beijing United Publishing Co.,Ltd.

你喜欢什么样的咖啡？

喜好的味道，因人而异。

这本书会根据你的口味，

教你泡出『最棒的一杯』咖啡的方法。

咖啡是世界上最受欢迎的饮品。

其全球贸易额仅次于石油。

实可谓让人着迷的全球性魅力饮品。

我在2014年的世界最大的咖啡师比赛"世界咖啡师大赛"（World Barista Championship）上成为第一个获得该比赛冠军的亚洲人。

从那以后，我每年都有200天以上的时间要在海外培养咖啡师，研究开发与咖啡相关的设备，承担咖啡店和大规模连锁店的咨询工作，举办咖啡启蒙活动。也就是说，作为一名"咖啡福音战士（传教士）"，我一直过着在世界各地飞来飞去的生活。

本书是以我如上的经验和见识为基础，来介绍"全世界最好喝的咖啡冲泡法"的一本书。

所谓的"全世界最好喝"是指：

自己觉得真的很好喝

自己最喜欢这个味儿

这个意思。

本书会一边以通俗易懂的语言解读咖啡所拥有的复杂而有深度的味道，一边教你正确把握自己喜欢什么样的味道。

然后，为了让你可以随时泡出喜欢的味道，本书会解说一下如何反复再现某种味道的手法。如果能控制自己喜欢的味道，你也能够创造一杯表现自己的原创咖啡。

现在街头巷尾有很多关于咖啡的书，但是本书和简单总结咖啡冲泡顺序的指南书有很大的区别。

这是一本致力于让你彻底了解"自己喜欢的味道"，让你能在家里泡出"最棒的一杯"咖啡的书。

为此，本书不会只让你开心地看看照片，而是一本"读物"。

能读到最后的话，不管是初学者还是咖啡达人，抑或是咖啡店老板，甚至以咖啡师为目标的人，都能更深地理解咖啡冲泡法的逻辑，泡出自己喜欢的"全世界最好喝的咖啡"。

虽然读了点关于咖啡的书，却烦恼着：

· **不知道自己喜欢什么样的咖啡豆**
· **因为泡法自成一派，所以不知道某种泡法是否合适**

·感觉不太好喝，该怎么调整才好呢？

·我的口味和大家的稍有不同，希望能更接近自己喜欢的口味

有这些疑问的人很多吧？

本书总结了从择豆到萃取的各种综合知识，将我在世界各地培训时讲过的、马上就能使用的冲泡方法的实践技巧进行了挖掘式讲解。

通过这本书，开启
寻找自己喜欢的"全世界最好喝的咖啡"
的旅程吧。

如果能找到自己喜欢的"最棒的一杯"，一定会给每天的生活带来极致的享受。

无论是给自己泡还是给所爱的人泡，我都希望能通过咖啡让幸福的连锁反应温柔地、沁润地扩散到全世界。

2019年12月

井崎英典

无论你是初学者还是咖啡达人，这本书都能派上用场！

通过这本书你能明白的事

自己喜欢的口味

了解"自己的喜好"

咖啡的味道很复杂。它没有诸如茉莉花的香味、橘子一样的味道等这样专业的规格基准，而是需要从明确的以四种余味为指标的"味道判定表"中把握自己喜欢的味道。

择豆

了解豆子和味道的关联性

豆子的种类太多了，我搞不清楚。不知道该以什么基准来选择……为了这样的人，我对生产国、品种和生产工艺等不同的特性和味道的关系进行了简单易懂的整理说明！

泡制流程

简单地拆解步骤

从选咖啡豆到烘焙、研磨、萃取，为了让初学者也能明白，我简单地解说了泡咖啡的步骤。不管是谁都能立刻上手，一看就能明白每个步骤的意义！

技巧

世界水准的咖啡冲泡技巧

为你讲解可以在家里实现的，世界最高水平的咖啡冲泡技巧。从黄金比例味道的提炼，到重量、时间、温度、注水方式的控制，传授你可重复再现"最棒的一杯"的诀窍！

思考方法

"美味"的秘密

以世界最尖端的科学知识为基础，细致地解说产生"美味"的道理，让你明白为什么那样做比较好。为你介绍不依赖感觉和偶然来冲泡咖啡的逻辑思维手法。

自己原创

味道控制

好喝不好喝，取决于自己的喜好。正确答案不止一个。让你在正确把握自己的喜好的同时，也可以适当地调整味道。

控制味道的六个要素

1~3
BEANS
[豆子]

能改变味道的要素

生产国
品种
生产工艺

和料理一样,咖啡也是原料决定命运。但是,并不是说价格越贵越好。我会介绍寻找自己喜欢的咖啡豆的"三原则"。

4
ROAST
[烘焙]

能改变味道的要素

烘焙程度
轻度、中度、深度烘焙

烘焙程度对味道有很大的影响。但是,烘焙程度的基准其实相当模糊。在介绍烘焙程度和味道的基本关系时,再讲一个豆子的选择问题。

5

GRIND

[研磨]

能改变味道的要素

粒度（颗粒大小）

大、中、小颗粒

咖啡豆的粒度差异也会使味道发生很大的变化。粒度是将咖啡豆和水混合后进行萃取的关键所在。我会结合烘焙程度介绍调整出你喜欢的浓度的方法。

6

DRIP

[萃取]

能改变味道的要素

萃取

重量·时间·温度·注水方式

咖啡豆的成分只有三成左右能溶进热水中。如何高效地将豆子的成分转移到热水中呢？我会直接传授你咖啡师用的六项规则。

咖啡的泡法

STEP1

第一步 ［择豆·称重］

根据从生产国到烘焙程度等各方面条件，选择你喜欢的豆子，给豆子称重。

STEP2 ↓

第二步 ［研磨］

把水烧到规定的温度。用研磨机将称好重量的豆子按自己的喜好碾碎。

STEP3 ↓

第三步 ［烫杯］

把过滤纸放置在滤杯上，用热水加热一下滤杯。

STEP4　↓

第四步　[泡豆]

将研磨好的豆粉倒入滤杯中，注入规定量的热水，泡上一定时间。

STEP5　↓

第五步　[萃取]

等滤杯中的热水漏下去了再加水，分几次注入热水。

STEP6　↓

第六步　[完成]

等滤杯中的热水全部漏下去就完成了。最后把咖啡从容器中转移到杯子中。

CONTENTS　　**目录**

PROLOGUE
序　章

什么是"世界上最美味的一杯"？

CHAPTER 1

决定味道的豆子的魔力

CHAPTER 2

烘焙的魔法

CHAPTER 3

第三章

萃取的思考方式

CHAPTER 4

第四章

不输给专业选手的最强萃取法

CHAPTER 5

五杯"基本口味"的魔法配方

CHAPTER 6
第六章

推荐的18种咖啡商品

PROLOGUE

序章

什么是『世界上最美味的一杯』？

『最棒的一杯』
是从了解『自己喜好
的味道』开始的。

通过本章你能了解到：

形成味道的"六个要素"

以"苦、酸"×"浓、淡"来捕捉味道

"口味"判定表

探索"自己喜欢的味道"的指南针

"世界上最美味的一杯"是没有正确答案的。

即便是在萃取领域的世界顶级大赛上也是如此。无论是世界咖啡师大赛，还是世界咖啡冲煮大赛（World Brewers Cup），每年咖啡的萃取倾向都在发生变化，即便是几年前觉得"真是太棒了！"的味道，现在尝起来也会有少许不和谐的感觉。

例如，2016年之前，国际性的滴滤式咖啡的流行冲泡趋势都是采用细磨的咖啡颗粒，使用少量的咖啡粉。但是，近几年为了避免微粉造成的"过度萃取"，咖啡专家的"正确答案"在不断地更新，比如采用粗磨后的颗粒，咖啡粉的用量稍微增加一些。

另外，因为咖啡是终极的嗜好品，所以很多人对自己的萃取方法和咖啡的味道很讲究。比如，对我来说，极端的深度烘焙和"烤焦"是同义的，是无法容忍的味道，但也有人会觉得"烤焦的味道很好"。

虽然在我的常识中无法想象的味道被认为是"正确答案"的情况有很多，但也不能不分青红皂白地就说"这是错的"去加以否定。

虽然我有机会教全世界的人如何萃取咖啡，**但美味的定义会受到文化背景和饮食生活的影响，因此"正确答案"也会随之改变。**

仔细观察的话，会发现由于受家庭环境影响，或是由于自己在意的人在喝，我们会无意识地喜欢上某种咖啡，"正确答案"会以各种各样的形式存在。正因如此，我觉得"最棒的一杯"是没有正确答案的。

我非常幸运，有机会品尝全世界最棒的咖啡。在生产国的品评会上获得第一名的咖啡、由世界咖啡师大赛的决胜选手泡的独一无二的咖啡、世界上最贵的咖啡、世界上只有3千克的超稀有批次的咖啡、通常买不到的极稀有品种的咖啡等，我品尝了很多稀有到令人吃惊的咖啡。

咖啡有着语言无法形容的异国情调的香味、能让人融化的甜味和纯净美好的余味……而那些咖啡有着绝妙的令人惊艳的味道。当然，那是会让全世界的咖啡专家都为之疯狂不已的品质。

但是，如果问我们咖啡专家，品质"很棒"能否成为全世界所有人"人生最棒的一杯"的标准，回答肯定是"NO"。理由很简单，**品质上的正确答案和嗜好上的正确答案是完全不同的。**

原本，"好喝"这个词的意思就是根据上下文的不同而变化的。虽然觉得品质很好，但个人就是不太喜欢——这种情况也可能发生在咖啡专家身上，我自己就经常遇到。

虽说如此，但我不打算因为你喜欢品质上绝对"错误"的咖啡就断言"那咖啡对你来说是世界上最好喝的咖啡"。这是因为，就品质而言，"世界上最好喝的咖啡"是有正确答案的，是有国际认可标准的。

如果你主张在品质上绝对"错误"的咖啡是你喜好的，那只是单纯的"不知道"品质上的"错误"罢了。

因此，"品质的正确标准、好的品质是什么？"和"嗜好的正确标准、自己喜欢的味道是什么？"这两组问题需要区别对待，我认为有必要客观地理解这种差异。

我认为"世界上最好喝的咖啡"**存在于"正确品质范畴内的自己喜欢的味道"**之中。本书强调的是"世界上最好喝的咖啡冲泡法"，因此会在展示什么是正确品质的基础上，以寻找"自己喜欢的味道"为终极目标。

本书不仅会展示判断咖啡品质和萃取方法的正确标准，还是寻找个人喜欢的味道的指南针。让我们来找找对你而言"最棒的一杯"吧。

影响咖啡味道的六个要素

在寻找"自己喜欢的最棒的一杯"时，不可避免地要了解"自己喜欢的味道"。

但是，要从无数种咖啡味道中找到自己喜欢的，我想难度一定很大。

咖啡的味道表现很丰富。例如，有的表现为果香，有的表现为花香，还有的像巧克力的味道，等等。咖啡风味的表现形式多种多样，其表现容易受到文化的影响，可以说没有绝对的正确答案。

因此，要了解自己喜欢的味道，学习"形成味道的主要因素"是很重要的。

影响咖啡味道的要素有六个。我将从下一章开始逐一详细解说，请先在这里大致地了解一下。

另外，为了更容易留下印象，我会以人为参照，对咖啡的各要素进行说明。

要找到世界上最美味的咖啡，你需要在正确的品质中找到自己喜欢的味道。

❶ 【生产国：骨骼】

如果用人来比喻，咖啡的生产国就相当于人的骨骼。请记住，这是形成味道的大前提。与骨骼大小决定身材、体形相同，根据生产国的不同，咖啡的味道倾向会有很大变化。

❷ 【品种：人种】

如果用人来比喻，那品种就相当于人种。虽然都是人类，但是人种不同，外观也会发生变化。咖啡也一样，即使生产国相同，不同品种的咖啡，味道倾向也会发生戏剧性的变化。

❸ 【生产工艺：性别】

如果用人来比喻，生产工艺应该就相当于性别吧。就像性别决定身体构造一样，生产工艺不同，咖啡的味道倾向也会产生很大的变化。

❹ 【烘焙：体形】

如果用人来比喻，烘焙就相当于人的体形。体形虽也受遗传因素影响，但基本上可以根据自己的意愿来改变。和体形一样，烘焙也会根据你选择轻焙还是深焙而在很大程度上改变咖啡的口味。

❺ 【粒度：妆发】

如果用人来比喻，粒度会给人一种接近妆发的印象。妆发合适的情况下，给人的印象会发生翻天覆地的变化，甚至让人认不出来。如果让专业人士化妆或做发型的话，即使用的材料相同，给人的印象也会完全改变。

❻ 【萃取：首饰（手表）】

如果用人来比喻，请把萃取当成饰品或手表。就像出色的首饰和手表能给人留下更好的印象一样，萃取结果的好坏也会影响人们对咖啡的印象。

上半部分❶ ~ ❸的"骨骼""人种""性别"都是每个人天生的东西，后半部分❹ ~ ❻的"体形""妆发""首饰（手表）"则可以根据自己的想法来改变。

咖啡的情形和人一样。请记住，每种咖啡的"生产国""品种""生产工艺"这三者，是原本就不能按自己的意志来控制的，而"烘焙""粒度""萃取"这三者，则都是可以按自己的意志来控制的要素。

也就是说，为了找到自己喜欢的味道，并萃取出自己喜欢的咖啡，你需要：

将❶❷❸结合起来大概知道自己喜欢的味道

将❹❺❻结合起来萃取出自己喜欢的咖啡

理解以上的流程，对于喝到"世界上最美味的一杯"是很重要的。

图1 形成味道的六个要素

	要素		以人来打比方
❶	生产国	骨骼	味道的基础。 很大程度上决定味道倾向。
❷	品种	人种	品种不同，叶子的形状和果实的颜色也不同。 风味特性当然也不同。
❸	生产工艺	性别	即使是在同一个农场收获的咖啡，如果生产工艺不同，味道特征也会有很大差异。
❹	烘焙	体形	根据烘焙的程度，可以在一定程度上预测味道的倾向。
❺	粒度	妆发	可以选择是凸显味道还是隐藏味道，味道会大不相同。
❻	萃取	首饰 （手表）	能否成功萃取将决定咖啡给人的印象。这是引出原料本身味道的工程。

咖啡到底是"苦"还是"酸"？

对于不习惯喝咖啡的人来说，最先遇到的障碍应该是不知道"自己喜欢的味道"吧。

特别是近几年来，经营特调咖啡[1]的咖啡店有用"花香""巧克力""百香果""橙子"等味道来为咖啡口味进行分类的倾向。

确实，和商务咖啡相比，特调咖啡有着截然不同的、值得大书特书的风味。其风味的描述和红酒的风味描述相似，这会让有些人感到困惑。然而，看了关于这些风味的描述，我觉得没人能马上想到"我喜好的是像橘子一样的味道"。我认为对这种风味的品鉴，本就属于难度很高的阶段。

---

1 根据日本特调咖啡协会的说法，特调咖啡的定义是：消费者（喝咖啡的人）杯中的咖啡有独特的风味，是一种让消费者觉得好喝并感到满足的咖啡。为了让杯中的咖啡更美味，从选咖啡豆（种子）到将咖啡倒入杯中，所有环节都必须坚持贯彻始终的体制、工序和品质管理。

要想在咖啡中品鉴出水果和花的香味，时间和经验是必要的，所以我认为一开始不要用香味来探寻自己的喜好，而应该用"味道"来探寻自己的喜好。

所谓味道，是指可以识别为"基本味道"的味道。咖啡的基本味道主要用甜味、酸味、苦味来表现，极少数用与咸味和美味相关的味道来表现。

作为咖啡专家，我曾想用各种各样的味道来形容咖啡，结果客人却指出咖啡"要么是苦要么是酸吧"。当时我想的是"有那么粗暴的分类吗"。但是，随着时间的流逝，我觉得"这个想法也有道理吧"。

确实，如果无视咖啡本身的风味特性，只把焦点放在烘焙所形成的味道上，则烘焙程度越深就越苦，烘焙程度越浅酸味就越强烈。

你喜欢"苦味"还是喜欢"酸味"，如果能区分这两种口味，你就能干脆地做判断了。虽然这很难，但至少可以学着了解自己喜好的味道。

当然，喝习惯的话，就可以在自己喜欢的范围内发现"这杯咖啡的烘焙程度虽然和之前一样，但感觉有点甜"这样细微的差别。

但是，大前提是先学习了解自己喜好的口味的大概方向，然后将自己喜欢的咖啡进一步细分，这样就可以更接近自己喜欢的咖啡了。

　　因此，首先请试着做如下考虑：

喜欢苦味的人——选择深度烘焙的咖啡

喜欢酸味的人——选择轻度烘焙的咖啡

　　烘焙程度越深，越容易产生苦味；烘焙程度越浅，越能感受到酸味。请想象一下炒洋葱的情景。将洋葱稍微加热一下，就会产生水汪汪的味道，也就是会有酸味；如果持续加热的话，最后会烤焦，就会产生苦味。

　　苦味和酸味受到烘焙程度很大的影响，所以首先从烘焙程度着眼来选择咖啡吧。根据烘焙程度大致区分苦味和酸味，可以降低选错咖啡的概率。

捕捉"自己喜欢的味道"的判定表

虽然苦味和酸味是一个很容易理解的指标，但如果只以此为判断标准的话，就很难遇到自己喜欢的"世界上最美味的咖啡"了。

因此，本书将用四个象限来表示味道的判定标准。参考这四个象限，让大家把握咖啡的味道，并能高效地找到自己喜欢的味道。

本来，咖啡有专业人士使用的各种各样的指标，但是本书将尽量使用人们都能理解的味道表现形式，以便大家更容易抓住味道。为了了解自己喜欢的味道，你可以以此作参考，将其当作"味道的路标"来活用。

请先看图2。横轴表示"**酸味和苦味**"，纵轴表示"**浓度的高低**"。对咖啡味道有很大影响的是"**烘焙程度**"，极端地说，烘焙程度会决定咖啡是变苦还是变酸。

图2　味道判定表

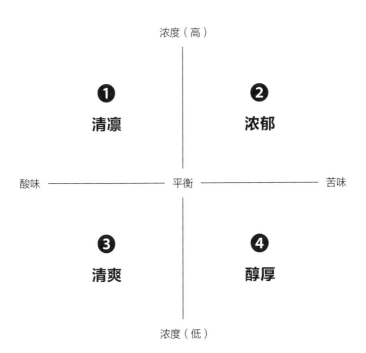

苦和酸是所有人都知道的味道表现形式，至少和"这咖啡有茉莉花的香味"这种表现形式相比，是客观上更容易判断的指标。

其次，客观上较容易判断的指标是"**浓度**"。正如字面所示，浓度就是指"浓还是淡"，所以液体的浓度也是很容易判断的指标。浓度对咖啡的味道有很大的影响，与酸味和苦味并列，是重要且明确的指标。

然后，根据浓度、酸味和苦味的组合而变得显著的是"**余味**"。因为将余味作为味道的指标也很普遍，所以人们把余味分为"清凛""浓郁""清爽""醇厚"四种。另外，无论哪种味道，适度地搭配在一起的话，就构成了图表中间的"平衡"。

"清凛"的定义是酸味值和浓度都高，"浓郁"是苦味值和浓度都高，"清爽"是酸味值和浓度都低，"醇厚"是苦味值和浓度都低。

也就是说，根据酸味和苦味与浓度高低的不同组合，产生的余味会发生变化。例如，喜欢余味浓郁的咖啡的人，有必要瞄准❷周边来调整咖啡的口味。

具体来说，要选择烘焙程度深（＝苦味）的豆子，而且颗粒要细（＝浓度高），这样的话，就可以更加接近余味浓郁的咖啡了，关于这种技巧稍后会详细说明。

正如前一节所说明的那样，根据生产国、品种等六个要素的不同，味道会发生很大的变化，但追根究底，可以根据喜欢何种程度的"清凛""浓郁""清爽""醇厚"的口感来做区分。

也就是说，用这四种余味来作味道的判定基准比较方便。

为了邂逅自己喜欢的咖啡，最重要的是，要将自己喜欢的味道语言化。为此，本书将以大家所熟悉的常见的表现形式作为基础味道的指标。

那么，以四种余味为判定基准，如何调整出自己喜欢的世界上最美味的咖啡呢？让我们从下一章开始分阶段进行说明吧。

图3 四种余味是什么?

余味	解说
❶ 清凛	浓度高且酸味强烈的味道被定义为"清凛"。本书将酸味强烈与余味清爽的味道结合起来称为"清凛"。
❷ 浓郁	"浓郁"被认为是五味(甜味、酸味、苦味、咸味、鲜味)增强的一种状态。虽然它与各种要素有关,但其中浓度是很重要的一点。本书将高浓度与强烈的苦味结合起来定义"浓郁"。
❸ 清爽	将淡淡的酸味和低浓度相结合所产生的味道定义为"清爽"。由于浓度降低,液体本身的重量会下降,在感受到清爽酸味的同时,还能享受到带有清凉感的余味。
❹ 醇厚	将淡淡的苦味和低浓度相结合所产生的味道定义为"醇厚"。这是由低浓度和淡淡的苦味混杂会带来温和的余味定义的。
平衡	让酸味和苦味平衡,浓度不高不低,不管是什么味道,都保持适度的余味。

用风味来描述复杂的味道

在葡萄酒和巧克力的世界里，人们会将食材的味道描述为"有着让人联想到……的味道"。咖啡也一样。

例如，有用"像茉莉花一样的味道"来描述的咖啡，也有用"像草莓一样的味道"来描述的咖啡。

如果用专业术语来说，评价咖啡味道的方法叫作"杯测（cupping）"。

简单说明一下如何确认咖啡粉的香味。注入热水，确认从杯测碗（品味儿专用的容器）中升起的香味，取下上面的澄清层，从热的时候一直品味到冷却时，并评价其品质。

在这个过程中，要用被称为杯测汤匙的大勺子啜饮，将咖啡含在口中使其雾化，然后细细地品评，连最细腻的味道也不遗漏。

在咖啡专卖店买烘焙咖啡豆的时候，你可能看到过写着"巧克力般的味道""茉莉花一样的味道"的商品说明卡，这是根据杯测评测出的风味侧写。

它们并不是真的在贩售加入了巧克力和茉莉花香料的咖啡，而是在贩售能让人联想到这些香味的咖啡，这是一种描述手法。

较常用的香味可大致分为以下几种：
- 水果系
- 花香系
- 巧克力系
- 坚果系
- 香料系

水果系、花香系容易让人感觉到"清凛""清爽"的口味，巧克力系、坚果系和香料系容易让人感觉到"浓郁""醇厚"的口味。

水果系和花香系的香味之所以容易让人产生"清凛""清爽"之感，主要是因为它们是容易让人联想到酸味的香味，因此更容易从烘焙程度较浅的豆子中感受到。

另外，让人联想到花香味的化学物质被认为是挥发性高的物质，烘焙越深就越难感受出来。

巧克力系、坚果系和香料系的香味很容易让人感受到"浓郁""醇厚"的风味，而烘焙程度变深后，所产生的苦味和香味更容易让人感受到类似巧克力和坚果的香味。

另外，关于香料系的香味，根据生产国和生产加工方法的不同会有所差异，其中印度尼西亚的咖啡经常被当作香料系香味的典型。

买豆子的时候，如果因为风味说明感到烦恼，就可以结合烘焙程度，根据自己的喜好来类推味道，这样就不会出错了。

同样，对于想学习风味表现的人来说，在掌握了与烘焙程度相应的风味倾向的基础上，类推风味的方法是最合适的。

CHAPTER 1

第一章

决定味道的豆子的魔力

了解『豆之三原则』
的人才能掌控
咖啡的味道

通过这一章你能明白：

"生产国"造就的味道特征

"品种"造就的味道差异

"生产工艺"引起的不同风味特性

就咖啡而言，原料就是生命——
第一个要点

为了萃取美味的咖啡，第一步要"选择原料"。

也就是说，和料理一样，要考虑如何才能买到好的食材。我觉得，选咖啡豆和这一步工序很相似。

例如，不管使用性能多高的电饭煲，如果米的品质不好，就无法引出大米品质之上的味道。

也就是说，萃取好喝的咖啡的第一步，是从选择好的原料开始的。那么，怎样才能选到好的材料呢？首先请以下面三点为基准。

❶ 说明签上写了咖啡豆的详细信息吗？

首先，着眼于咖啡的说明签吧。如果上面有咖啡豆的详细信息，其为好原料的可能性就会变高。

例如，说明签上只写了生产国的话，就要注意了。如果标记为"巴西"，你不会思考它到底比日本大多少倍吗？以买大米来考虑的话，这就像是用"产地：日本"来表示一样。

相反，如果不仅写有生产国，还标记了栽培地区、农场名、生产者等详细信息，就可以抱着这是更好的咖啡的期待。

要说为何如此拘泥于说明信息，那是因为在透明度高的交易中，信息更加明确的咖啡被购买的可能性更高。

如果是透明度高的交易，那么咖啡很有可能是买家亲自去当地购买的，或者是由值得信赖的进口商购买的。

特别是在特调咖啡领域，人们尤其重视咖啡的可追溯性。高品质的咖啡都是明确知道什么时候、在哪里、被谁、怎么栽培出来的咖啡，这一点很容易明白。因此，如果尽可能地寻找信息明确的咖啡原料，选择咖啡时受挫的情况就会变得少之又少。

❷ 标记烘焙时间了吗？

第二重要的信息是烘焙时间。相信很多消费者都认为咖啡永远不会变味。这里必须说清楚，那是不可能的。

咖啡是生鲜食品。根据保存方法的不同，随着时间的推移，咖啡的风味和味道会慢慢劣化。

也就是说，和食品有保质期一样，咖啡也有适宜饮用的期限。因此，购买前请务必确认烘焙日期。

咖啡，原料就是生命。如果豆子的质量不好，就无法引出在那之上的味道。

如果是烘焙后过了几个月的咖啡，就不推荐购买了。

根据烘焙方法、保存方法，以及买的是豆子还是咖啡粉，咖啡的饮用时间有所不同。如果买的是豆子，常温保存的话，**保守估计保质期是烘焙后一个月内，如果真的拘泥于品质的话，两周左右就是极限了。**在恶劣环境下保存的话，如果买的是咖啡粉，保质期会变得更短。

因此，如果价位相同的话，推荐购买保质期较长的豆子。烘焙日期的检查是非常重要的工作。请从检查烘焙日期开始，养成购买能趁着新鲜时期喝完的量的习惯吧。

❸ 店里会更换咖啡豆吗？

另外，检视"卖场"实际上也是很重要的技巧。

本来生豆的新鲜程度是保证咖啡好喝的重要因素，但无奈的是，从消费者的角度来看，这确实是无法得知的信息。

这里想让大家尝试的方法是"确认卖场的咖啡豆是否定期更换"。提供高品质咖啡豆的咖啡供应商的生豆基本上都是售罄状态。除了混合咖啡等全年提供的商品，如果当年收获的咖啡豆卖完了，那么原创单品咖啡[1]也就售罄了。

---

1 不以生产国为单位来选择的咖啡，而是以比农场、行会、品种等更小的单位来选择的咖啡。

另外，咖啡的收获期因生产国的不同而各有差异。因此，咖啡豆从进口到被摆在店里出售的时间会由于各个生产国的收获时间不同而不一样，所以需要定期更换店里的咖啡豆。

比如，中美洲的咖啡在店里上架的时间，根据店铺方面的库存状况和进口方式的不同，一般是从夏天到秋天。也就是说，同一品牌的咖啡如果全年都有库存的话，这种状况反映在品质上是不好的。定期更换豆子的咖啡店，很有可能是使用新鲜生豆的咖啡店。请将以上三点作为选择豆子的首要基准记在脑海中。

豆子的信息➡有除生产国之外的信息吗？

保质期➡烘焙之后，经过了多久？

店里的情况➡会定期更换咖啡豆吗？

那么，下面就来说明序章中介绍的决定味道的六个要素中，决定"口味框架"的生产国、品种和生产工艺这三个要素。

从生产国粗略地了解味道特征

咖啡的味道是经过区域环境（生产地固有的生长环境）、微气候（细微的气候差异）、品种的造就，又经历生产加工、烘焙、萃取等复杂工序而被制作出来的。

然而，因为不能用国家和地区来对味道进行严格分类，所以还是有很多人不知道应该怎么选择咖啡。

为了这些人，我想挑选一些熟悉的品牌，按照区域，大致对应"味道判定表"来进行分类，将味道判定指南传授给大家。

另外，烘焙程度以中度烘焙为基准。烘焙程度加深的话，整体来说味道会滑动到矩阵的右侧，烘焙程度过浅的话，整体来说味道会滑动到矩阵的左侧，请尝试以这个思路来看这份指南。

图4 每个区域的味道分类

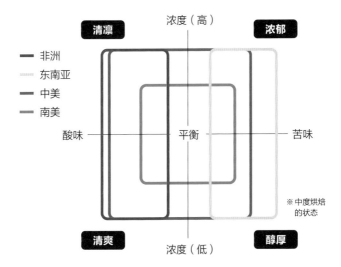

浓度（高）

清凛　　　　　　　　**浓郁**

非洲
东南亚
中美
南美

酸味 —　　　平衡　　　— 苦味

※ 中度烘焙
的状态

清爽　　　　　　　　**醇厚**

浓度（低）

南美（巴西、哥伦比亚等）

平衡型"甜味和酸味的平衡"

巴西应该是日本人最熟悉的咖啡生产国。我觉得，就是说"咖啡就是巴西的"也不为过，这可以说已经获得了公民认证。这样的巴西咖啡，是以香味平衡、酸味平和、口感柔和为特征的咖啡。哥伦比亚咖啡则以其清新的酸味与甜味的平衡构成绝妙的味道。这两个产地的南美咖啡的味道可以说是甜味和酸味平衡的。虽然平衡很重要，但是如果想要稍加抑制酸味的咖啡，建议喝巴西的；如果想要酸味稍强的咖啡，则推荐哥伦比亚的。

中美（巴拿马、危地马拉等）

清凛·清爽型"清新清爽的酸味和果味"

中美地区可以说是巴拿马、危地马拉、哥斯达黎加、萨尔瓦多、洪都拉斯、墨西哥等众多著名咖啡产地聚集的地区。总的来说，就算从世界范围看，中美地区也是拥有较多高品质产地的地域，有很多酸味和风味特性优良的咖啡产地。这里种植了以瑰夏种为代表的众多品种，这也可以说是中美地区的特征吧。

将多样性如此丰富的中美产区的咖啡的味道特征一股脑儿地做归纳，可能会让人觉得有些不讲理，但是用味道判定表来表现这里的咖啡味道的话，会发现很多以清凛·清爽型的酸味为特征的味道。

清新的味道和柑橘系的清爽酸味是中美地区栽培的咖啡的一大特征。可以说，中美地区是栽培带有酸味的果味咖啡的绝佳区域。

非洲（埃塞俄比亚、肯尼亚等）

清凛型"浓郁的香味和突出的酸味"

说起代表非洲的两大咖啡产地，应该是肯尼亚和埃塞俄比亚。埃塞俄比亚更是被称为"咖啡诞生之地"，其咖啡芬芳的香味和果味获得了公众的肯定。

肯尼亚咖啡在日本也有很多忠实的粉丝。其清爽的酸味和柑橘系、浆果系的香味虏获了众多粉丝。总的来说，埃塞俄比亚和肯尼亚的咖啡都以酸味为特征，本味很清新。要想享受芬芳的果香和酸味的话，推荐非洲系咖啡。

浓郁型"本味和苦味浓厚的风味"

在东南亚的生产国中，在日本最出名的难道不是以"曼特宁"品牌闻名的印度尼西亚吗？如果用一句话来概括印度尼西亚的咖啡，那就是"强有力的味道"。

印度尼西亚是一个很独特的生产国，其咖啡有着能让人感受到泥土的香味、厚重的本味和恰到好处的苦味的调和口感。因为其咖啡也适合深度烘焙，所以对于想享受充分苦味和浓郁香味的人，推荐这个品种。

图5 每个区域咖啡味道的不同

	味道特征	国家	代表性的生产区/品牌
南美	**平衡型** 甜味和酸味的平衡	巴西 哥伦比亚 厄瓜多尔 秘鲁 玻利维亚	巴西/卡尔莫·德·米纳斯（Carmo de Minas） 巴西/山多士（Santos） 哥伦比亚/薇拉（Huila） 哥伦比亚/苏帕摩（Supremo）
中美	**清凛·清爽型** 清新清爽的酸味和果味	巴拿马 危地马拉 哥斯达黎加 萨尔瓦多 洪都拉斯 墨西哥 尼加拉瓜 牙买加	巴拿马/波魁特（Boquet） 危地马拉/安提瓜（Antigua） 哥斯达黎加/塔拉苏（Tarrazu） 哥斯达黎加/哥斯达黎加SHB（Costa Rica SHB） 萨尔瓦多/圣塔安娜（Santa Ana） 洪都拉斯/圣巴巴拉（Santa Barbara） 牙买加/蓝山（Blue mountain） 夏威夷（美国）/科纳（Kona）
非洲	**清凛型** 浓郁的香味和突出的酸味	肯尼亚 埃塞俄比亚 卢旺达 布伦迪 坦桑尼亚	肯尼亚/尼耶里（Nyeri） 埃塞俄比亚/西达摩（sidamo） 埃塞俄比亚/摩卡（Mokha） 坦桑尼亚/乞力马扎罗（Kilimanjaro） 也门（中东）/摩卡马塔里（Mokha Mattari）
东南亚	**浓郁型** 本味和苦味浓厚的风味	印度尼西亚 越南 泰国 菲律宾	印度尼西亚/苏门答腊岛（SumateraIsland） 印度尼西亚/曼特宁（Mandheling） 中国/云南（Yunnan）

咖啡是植物，品种不同，则味道不同

你知道咖啡是植物的种子吗？咖啡被分类在"被子植物门双叶植物纲合瓣花亚纲茜草目茜草科咖啡属"。根据品种的不同，咖啡成熟后会结出红色或黄色的美丽果实。

这种果实被称为"咖啡樱桃"，通常果实中会结两颗种子。这些种子才是我们平时见到的咖啡豆。

顺便说一下，对于从事与咖啡相关的工作的人来说，食用这种咖啡樱桃（虽说是吃，但几乎没什么果肉）的感觉就像做梦一般，而成熟的咖啡樱桃的糖度会超过20度，有着浓厚的甜味。根据品种的不同，有的咖啡也有像木瓜一样的独特味道。

此外，咖啡树的生长受纬度、海拔、气温、降水量、日照量、土壤等诸多环境因素（区域环境）的影响。虽然咖啡树是常绿低矮灌木，但在野生状态下也有成长到超过10米的。但是，考虑到收获时的劳动力成本，大多数农场都会将其修剪到2米左右。

平均来说，咖啡树的寿命最长可达80年，一般会活30年左右，但在原始森林中也存在能活100年以上的咖啡树。其生长周期按顺序可以分为种子发芽、开花、结果三个阶段。虽然品种不同会有所差异，但产量高的品种一般都以种下3年左右就能正式采收的速度生长。

除了哥伦比亚等靠近赤道的国家，咖啡树基本都是一年结一次果。降雨后，咖啡树会开出白色的花，然后结出果实。这种花散发着茉莉花般的香味，如果去造访正值开花期的农场，整个农场都会被茉莉花般的香味包围。被咖啡花装点成白色的农场，配上茉莉花般芬芳的香味，会营造出一种非常梦幻的景象。

另外，咖啡可以说是拥有各种各样的种类和亚种的非常独特的存在。也就是说，因为存在多种多样的种类和亚种，咖啡的风味特性也很丰富。

"区域环境 × 品种"产生独一无二的味道

就咖啡树而言，我们熟悉的大致可分为两种：

❶ 咖啡·卡尼弗拉（Coffea canephora）
❷ 咖啡·阿拉比卡（Coffea arabica）

咖啡·卡尼弗拉以**"罗布斯塔"**这个名字而广为人知。罗布斯塔咖啡的产量比阿拉比卡的多得多，被认为品质较差。但是，由于抗病性强，生产相对稳定，其主要作为以罐装咖啡和速溶咖啡为代表的加工产品被消费。

咖啡·阿拉比卡是我们通常认识的**"阿拉比卡品种"**。阿拉比卡和罗布斯塔相比产量少，抗病能力弱，但高品质的咖啡大多出自阿拉比卡品种。实际上，阿拉比卡品种有多种分类，根据分类的不同，其风味特性也有很大差异。

正如人种不同，人的外表特征也不同，根据品种的不同，咖啡树的形状、叶子的颜色、咖啡樱桃的颜色和形状等也大不相同。

令人吃惊的是，**咖啡的味道也因品种不同而差异颇大。**我希望迄今为止一直以生产国为基准来选择咖啡的各位，能通过本书记住以品种来选择咖啡的快乐。

那么，要说现在席卷世界的最普遍的品种，应该是"**瑰夏种**"吧。瑰夏种是在埃塞俄比亚的瑰夏村发现的埃塞俄比亚原产品种。用四象限"味道判定表"来说明的话，瑰夏种的特征完全符合"**清凛·清爽**"范畴内的味道，是以拥有香水和花一般的华丽香味以及水果般的酸甜味为特征的品种。

瑰夏种之所以引起关注，是因为在2004年召开于中美洲巴拿马的名为"巴拿马最佳（咖啡）"的品评会上，埃斯梅拉达农场展出了这一品种，其惊人的风味和水果般的酸甜味得到了众多评审员的高度评价。这之后瑰夏种就成了世界市场上以高价进行交易的品种。

而且，世界上交易价格最高的品种也是瑰夏种。2019年，在"巴拿马最佳（咖啡）"的拍卖会上，世界最高的咖啡价格被刷新，成交价格竟然高达1029美元／磅（453.592克）。考虑到纽约期货交易市场的平均交易额只有1美元多一点，这种咖啡竟然以相当于平均交易额约1000倍的高价进行了交易。

更令人吃惊的标价来自巴拿马和埃塞俄比亚的农园公司向中东公司销售的瑰夏种，其销售价格竟然达到了1万美元／千克。如果只考虑纯粹的咖啡豆的原价，相当于每克高达10美元。

虽然这是举了个极端的例子，但"瑰夏种"在全世界已成大趋势也是事实。另外，不仅是巴拿马，其他生产国也开始种植瑰夏种了。也许不久的将来，我们就可以同时享受瑰夏种的华丽香味和各国不同的区域环境酿就的独特风味了。

除了瑰夏种，咖啡还有很多品种。品种不同，味道当然也不同。到目前为止，虽然一直以来传统的品种开发和选定主要重视的是产量和抗病性，但由于特调咖啡的出现，不同品种所具有的风味特性也受到了关注。

在特调咖啡的栽培中，重要的是"区域环境和品种的匹配"。根据品种的不同，改变海拔、气温、湿度等细微的条件，咖啡的生长状况和品质会发生很大的变化，从而产生俘获消费者的独特风味特性。

图6 代表性品种

种类	亚种
阿拉比卡品种	铁皮卡（Typica） 波旁（Bourbon） 卡杜拉（Caturra） 卡杜艾（Catuai） 瑰夏（Geisha） 玛拉果吉佩（Maragogipe） 帕卡斯（Pacas） 帕卡马拉（Pacamara） 爪哇（Java） 苏丹鲁美（Sudan Rume） 摩卡（Mocha） SL28
卡尼弗拉品种	罗布斯塔
混合品种（Hybrid） （阿拉比卡品种和 卡尼弗拉品种的杂交）	帕莱伊内玛（Parainema） 卡帝姆（Catimor） 卡斯蒂爵（Castillo）

决定风味特性的生产工艺

咖啡豆既然是种子，就需要将其从果实中取出来。这被称为生产加工或生产过程。

就像品种对味道的影响一样，生产加工的方法不同，咖啡的味道也会发生戏剧性的变化。例如，在同一个农场栽培、同一个区域收获的同一品种的咖啡豆上采取不同的生产工艺的话，味道就会完全不同。

近年来，小规模的咖啡商或是参加世界大会的咖啡师，都经常直接去农场进行极小批量的咖啡制作，且多数情况下都会在生产加工环节下功夫。

虽然品种也对味道有很大的影响，但品种可以说是上天赐予的，味道也是神决定的。但是，**生产工艺有很强的科学性，以不同的方法加工，可以产生意想不到的风味。**

关于咖啡的生产加工，有从葡萄酒制法中得到启发而发明的"二氧化碳浸泡法（Carbonic Maceration）"，也有用现代科学来阐释的、使用近现代手法完成的独创的生产工艺。

生产工艺对味道的影响很大，对制作方来说是个很有表现余地的领域。

咖啡的生产工艺可大致分为三类：

❶水洗式（水洗处理）

❷日晒式（日光晾晒）

❸半水洗式（混合型）

❶水洗式（水洗处理）

水洗式指水洗处理，顾名思义就是通过用水清洗来取出种子的方法。其大致分为以下几个步骤：

（1）剥掉咖啡樱桃的皮；

（2）将豆子放在蓄水罐里发酵数小时到数十小时；

（3）用水冲洗；

（4）干燥。

在高品质的咖啡中，水洗式是被广泛使用的加工方式，可以说是突出酸味、引出纤细风味、激活原料本来味道的最佳生产加工方式。其特征是，烘焙程度变浅，味道会变得清爽，加深烘焙程度，味道会变得醇厚。

❷日晒式（日光晾晒）

日晒式指将咖啡樱桃放在阳光下或风中晾干的方法，即收获后将咖啡樱桃直接放在被称为露台（Patio）的混凝土干燥场上晾干，或使用被称为非洲床（African Bed）的高架式干燥台晾干的生产加工方式。

干燥过程一般需要花费几天到几周的时间。日晒法不使用水，所以被认为是环境负荷少的工艺。只不过，由于追求产量，有些日晒式咖啡干燥时间较短，品质上经常出现诸多问题。所以，在特调咖啡的世界里，最理想的状态是慢慢地花时间减少其水分含量，其中也包含花费近一个月时间使之干燥的阴干法等手法。

对于日晒式咖啡而言，烘焙程度越浅味道越清凛，烘焙程度越深味道越浓郁。品质优良的日晒式咖啡真的是果味四溢，拥有令人吃惊的风味。

只是，水果的香味与干燥阶段的发酵温度有很大关系，即便是日晒式咖啡，也不能一概期待其会具有水果的香味。

❸半水洗式（混合型）

半水洗式是近年来出现的生产工艺，指用专用的机器剥皮后让咖啡豆带着黏液质变干燥的方法。在哥斯达黎加，这种工艺也被称为蜂蜜工艺（蜜处理）。半水洗式可以说是介于水洗式和日晒式中间的生产加工方式，用这种工艺制成的咖啡兼备了水洗式和日晒式咖啡的味道特征。

如果烘焙程度较浅，半水洗式咖啡的口感就没有水洗式那么好，但是味道很清爽；烘焙程度加深的话，虽然其口感不如日晒式咖啡，但味道会变得浓郁。

如果用图来表现对应四象限味道判定表的生产加工方式，则如图7所示。因为很难简单地反映生产加工方式的差异，所以在制作图表时加上了烘焙程度这一因素。

如上所述，生产加工方式不仅对味道有巨大的影响，从中我们还能感受到**生产者的想法和意图，可以说是一项非常有趣的制作味道的艺术工作。**

图7 生产工艺造成的味道差异

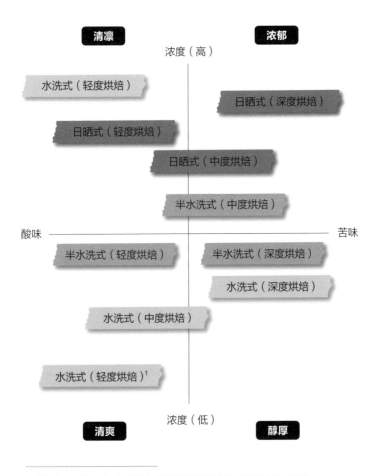

清凛　　　　　　　　　浓郁

浓度（高）

水洗式（轻度烘焙）

日晒式（深度烘焙）

日晒式（轻度烘焙）

日晒式（中度烘焙）

半水洗式（中度烘焙）

酸味　　　　　　　　　　　　　　　　　苦味

半水洗式（轻度烘焙）　　半水洗式（深度烘焙）

水洗式（深度烘焙）

水洗式（中度烘焙）

水洗式（轻度烘焙）[1]

浓度（低）

清爽　　　　　　　　　醇厚

1 根据生产国的不同，存在符合"清凛""清爽"两种余味的水洗式工艺。

掀起革新风暴的生产现场

由于特调咖啡的诞生，很多生产者开始重新审视自己的栽培方法，开始致力于基于科学知识的栽培技术和生产加工工艺。

例如，在玻利维亚的某个地区，人们认为"咖啡是神的思慕"，他们不进行农业风格的种植活动，而是随性地栽培咖啡。

当然，由于不进行修剪和土壤管理等工作，咖啡树每年的收成都很差，有时候一棵树连10粒咖啡豆都收获不了。此外，那里的咖啡树感染病虫害的风险也随之提高了，有时候甚至会发生颗粒无收的情况。

在这样的环境中，现在也出现了以科学知识为基础，彻底地进行土壤管理和树木修剪的生产者。他们从其他国家聘请农学博士作顾问，学习正确的栽培方法，实现了产量和品质的显著提升。而且，那里也出现了不独享这些知识，而是将其分享给无法获取信息的人，为玻利维亚咖啡的未来而战的生产者。

哥斯达黎加的咖啡加工以前主要以水洗式为主流，但是咖啡发酵处理后的废水问题日渐凸显，政府出于对环境负荷的担忧禁止了水洗工艺。受这方面的影响，哥斯达黎加的咖啡一度出现了品质劣化的问题。

就是在这一背景下，蜂蜜工艺诞生了。蜂蜜工艺几乎不使用水，却可以实现与水洗工艺相近的味道。使用这一工艺不仅降低了环境负荷，咖啡的口味也提高了。即使把蜂蜜工艺称为哥斯达黎加咖啡的代名词也毫不过分。

像这样，当咖啡生产与环境问题和传统价值观正面交锋之时，多亏了将品质提高到更高水平的生产者们，我们今天才能喝到美味的咖啡。

另外，前面谈到的以二氧化碳浸泡法为代表的生产工艺也取得了惊人的进步。二氧化碳浸泡法是先剥下咖啡果的皮，在不锈钢罐中放入咖啡果核，然后在密闭状态的罐中注入二氧化碳，并将罐中的氧气全部排出，在接近厌氧发酵的状态下进行发酵。发酵过程中要严格进行温度管理，以发酵状态的pH值（酸碱度）为基准，仔细地控制生产加工过程。受到在接近厌氧的环境中才能活动的微生物的影响，咖啡豆在发酵过程中会产生不同的代谢物，因此能够酿就在有氧环境中无法酿造的独特风味。

传统的生产处理大多是在户外设置发酵罐，且发酵罐基本上都是用混凝土制成的。在这种情况下，发酵很大程度上会受到外部气温的影响，无法如想象中那样进行，有时还会出现发酵过度或不能如愿地控制生产加工过程的情况。

将至今为止依赖感觉和经验的部分数值化，用理论作指导，科学地面对咖啡，这无疑会对推动品质更好的咖啡生产起到一定的作用。

在一系列的潮流中，咖啡商和咖啡师积极地走访农场、共同致力于提高咖啡品质的运动起到了很大的作用。了解消费者需求的咖啡商和咖啡师成为市场的代言人，他们将人们期望的咖啡味道和他们自己想要的咖啡味道告诉生产者，希望通过具体而详细的交流制作出至今从未有过的咖啡风味。

另外，为了实现这一目标，咖啡商和咖啡师方面也在与大学和相关食品企业合作，将获得的知识带回生产现场，持续数年努力探索。

此外，咖啡生产者们为了追求未曾有过的风味和味道，还会参考葡萄酒、威士忌等不同领域的经验。今天，他们也为我们生产着很棒的咖啡。

CHAPTER 2

第二章

烘焙的魔法

引出豆子潜力的烘焙魔法

通过这一章你能明白：

烘焙与味道的相互作用

维持新鲜度的保存方法

早·中·晚的终极配方

烘焙程度的指标相当模糊

为了享受咖啡，有绝对不可缺少的重要工序，那就是烘焙。

咖啡跨过大海来到日本的时候，是以被称为生豆的状态到达的。生豆呈浅绿色，不能直接饮用。为了让生豆变成大家习惯的茶褐色或黑褐色的状态，烘焙是必要的。

烘焙指通过将咖啡豆加热，使生豆中含有的化学成分发生变化，从而散发出具有挥发性的咖啡所特有的香味、甜味、酸味、苦味等代表性味道的过程。

根据烘焙时间和烘焙温度，烘焙程度大致可以分为"轻度烘焙""中度烘焙""深度烘焙"三种。一般来说，轻度烘焙的咖啡酸味较强，深度烘焙的咖啡苦味较强。

如果不烘焙，咖啡就不能饮用。烘焙是形成咖啡的风味特性和味道的非常重要的工序。此外，也可以说烘焙是能感受到某家咖啡店的风格和味道制作倾向的工序。

在咖啡专卖店，经常能看到根据烘焙程度列出的如下八个阶段的等级描述：

轻度烘焙 ➡ ❶**浅烘焙**（Light roast）/ ❷**肉桂烘焙**（Cinnamon roast）

中度烘焙 ➡ ❸**中度**（Medium roast）/ ❹**深度**（High roast）

深度烘焙 ➡ ❺**城市式**（City roast）/ ❻**深度城市式**（Fullcity roast）/

❼**法式**（French roast）/ ❽**意式**（Italian roast）

但是，在这八个阶段的烘焙程度上，除了部分企业，并没有明确的标准，而且不同的店铺，其解释也不同。

原本烘焙程度就是由主观尺度决定的，到底什么程度算是深度烘焙，什么程度算是轻度烘焙，并没有国际标准（也有引入Agtron值和L值等数值管理指标，用数值来管理烘焙程度的企业）。

虽说我个人喜欢中度烘焙的咖啡，但在其他店里，我所谓的中度烘焙大多都属于轻度烘焙或深度烘焙的范畴。因此，不建议将烘焙程度作为绝对的指标来看待。

初次光顾某家店时，经常会出现这样的错误交流：如果根据八个阶段的烘焙程度来选择豆子的话，就会出现"不喜欢这个口味"的情况。因为如上所述，烘焙程度因店而异，烘焙程度不同，苦味和酸味的配比也会发生很大变化。因此，其味道也经常和自己的喜好大相径庭。

图8　由烘焙造成的味道差异

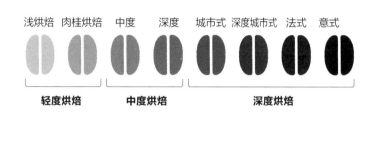

但是，就了解自己的喜好而言，烘焙程度依旧是个很重要的指标。如果找到中意或感兴趣的咖啡专卖店，**可以根据自己的喜好选择这家店做滴滤式咖啡时所用的烘焙程度最深或最浅的豆子，这样就可以较好地了解这家店的烘焙程度的具体范围了。**

如果觉得太苦或者太酸，就试试烘焙程度更浅或更深一些的豆子，这样就容易找到和自己喜好的味道相近的烘焙程度了。

选择能发挥出原料味道的烘焙程度

前一节曾指出，烘焙程度是由主观尺度决定的，没有绝对的判断基准，那我们应该如何把握烘焙程度呢？

我倒觉得，干脆放弃以烘焙程度为基准来选咖啡吧。事实上，在选择咖啡的时候，我自己也没有衡量某款咖啡是轻度烘焙、中度烘焙还是深度烘焙的尺度。

我觉得更重要的是，其烘焙方式到底**是不是适合原料的烘焙方式**。我们经常可以看到，受媒体宣传的"第三波咖啡浪潮＝轻度烘焙"的论调影响，很多时候深度烘焙被认为是不好的。但是，如果其原料是能够耐受深度烘焙的豆子，就应该进行深度烘焙，不然的话，也应该找到适合这种原料的烘焙方式。

例如，烘焙生长在高原上的坚硬生豆的时候，可能深度烘焙会让人更容易感受到浓郁、醇厚的味道。如果是拥有华丽、细腻香味的品种，可能轻度烘焙更容易让人感受到清凛、清爽的味道。

对于生长在海拔相对较低的地区、以平衡感出色的味道为特征的咖啡豆，可能使用更容易感受到平衡型味道的中度烘焙较好。总之，选择适合原料的烘焙程度是很重要的。

但是，正如我反复重申的那样，烘焙程度是理解自己喜好的重要指标。特别是对于初学的人而言，以烘焙程度为标准完全没有问题。**所以，首先要明确自己的喜好（喜欢苦味还是喜欢酸味），然后再理解自己的口味**，这一点是很重要的。

反映在"味道判定表"上，初学者可以大致试着做如下考虑：

清凛·清爽型 ➡ 选择"轻度烘焙"的咖啡豆

平衡型 ➡ 选择"中度烘焙"的咖啡豆

浓郁·醇厚型 ➡ 选择"深度烘焙"的咖啡豆

首先根据烘焙程度来选择自己喜欢的豆子，习惯了之后可以根据自己的喜好再进一步做选择，这样一来，不经意间邂逅自己中意的咖啡的可能性就提高了。

我从来没有想过"必须烘焙得浅一些"。如上所述，有经过深度烘焙后生辉的原料，也有经过轻度烘焙后生辉的原料。

习惯了的话，就可以不按烘焙程度来选择豆子。首先了解自己喜欢的味道，然后选择能实现那个味道的原料。

重要的是，不要受困于烘焙程度，要追求自己喜欢的味道，你所选择的咖啡味道会自然地呈现轻度烘焙、中度烘焙或深度烘焙等状态。

不协调感大多来自"错误的烘焙"

我虽然说明了烘焙是把咖啡豆加热的工序,但烘焙的最终程度是"烤焦"。就像炒蔬菜和炒肉一样,可以想象,一直炒下去的话,食材会被炒得"焦黑"。咖啡的烘焙也一样。

因此,烘焙最重要的是寻找合适的烘焙程度,用什么样的火力、什么样的温度以及多长时间来进行烘焙,都会影响咖啡最终的品质。

迄今为止,基于感觉的匠人技术要素在烘焙中占据很重要的地位,而收集数据进行分析的思考方式并不太被人们接受。但是近年来,以"Cropster(记录温度和火力等烘焙信息的软件)"为代表的烘焙软件登场了,咖啡商可以事先设计好烘焙配置,从而进行理论性和再现性更高的烘焙。

另外,测定生豆中的水分含量和硬度等信息并将这些数据用于烘焙的想法也在海外出现,并在逐渐向外传播。也就是说,再现性更高的烘焙技术正在普及。

但是，这种技术目前还没有普及开，全世界只有极少数店铺采用。另外，虽说引入了这样的技术，但要问能否实现完美烘焙，答案是不可能。

即使用同样的烘焙程序来烤同样的咖啡豆，也不会每次都有同样的味道。也就是说，烘焙中存在很多不确定因素，它们都会影响咖啡的味道。

因此，**味道上的不协调感很多情况下是由烘焙引起的。**例如，假设总是买同样的咖啡，大家有没有过冲泡出来的味道和平时不太一样的经历呢？很多情况下，这都是由烘焙引起的。

那么，设想一下，这种情况是由什么样的烘焙错误造成的呢？

代表性的烘焙错误大致可以分为下述三种：

❶豆子烤焦了。

❷豆子的内部没烤熟。

❸豆子的表面烧焦了，但里面没烤熟。

❶是在对生豆加热过度的情况下发生的。其主导性的味道是超过了容许范围的苦味。

❷是轻度烘焙时常见的错误，火力不足时会发生。这样

烘焙出来的咖啡带有刺激性的涩味和鸡蛋味。

❸也是常见的烘焙错误。这种错误是由于在烘焙的初期阶段施加了过大的火力，导致豆子表面被烤焦，而在烘焙后半阶段又无法将热量传达到豆子内部。在这种状况下，烤焦引起的刺激性苦味和在半熟状态下常见的涩味都很明显。

咖啡商一直在努力保证高水平的再现性。另外，不仅技术在不断发展，对烘焙技术的科学理解也在一点点普及，所以，咖啡品质稳定性显著提高的时代迟早会到来。

让人心情变好的咖啡豆选择方法

我将选咖啡豆时推荐的步骤总结如下：

❶ 了解因生产国、品种、生产工艺等产生的"味道特征"
❷ 在各种各样的尝试中粗略地把握"自己喜欢的味道"
❸ 从"酸味"和"苦味"的喜好中选择烘焙程度

这是了解自己喜欢的味道并泡出"世界上最美味的咖啡"需要做的第一步，而在这一节，我想稍微换个思路，介绍一种新的咖啡选择方法。

参考多样的咖啡风味，根据"心情和场景"来选择咖啡品种怎么样？其实在使用正面战术选择咖啡感到疲劳的时候，我自己也经常用这个方法。

我在这里介绍的配方，说到底都是我的独断和偏见，不过，根据想喝咖啡的当下的心情，我推荐以下选择咖啡豆的方法。

早上想喝的咖啡|**中度烘焙巴西·萨尔瓦多**

如果把酸味或苦味很重的咖啡作为一天的开始，平衡感就不好了，所以喝一杯甜味、酸味、苦味平衡的中度烘焙咖啡是最棒的。

虽然也推荐混合咖啡，但巴西（水洗式）和萨尔瓦多（水洗式）等单品的中度烘焙咖啡也很适合早上饮用。从早上开始就喝有着丰富香味或酸味很强的咖啡，会有点儿累，不如从会让人联想到坚果和恰到好处的柑橘类味道的温和口味开始新的一天吧。

中午想喝的咖啡|**深度烘焙危地马拉·哥伦比亚**

午饭后，我想选择深度烘焙的咖啡。我觉得稍微有点苦味、本味重一点的咖啡是最合适的。就我个人而言，中午想喝的咖啡总是深度烘焙的混合咖啡。我被深度烘焙咖啡独特的巧克力风味深深吸引。

如果说单品的话，我想选择危地马拉和哥伦比亚的深度烘焙咖啡。这是我认为和深度烘焙相配的品种。特别是午饭后容易感到倦怠，这两款咖啡深度烘焙的苦味和本味能让人感到神清气爽，这是其优点。

晚上想喝的咖啡 | 轻度烘焙中美洲·非洲（埃塞俄比亚）

到了晚上，我想选择性感的成人咖啡。也许会想稍微冒个险，选择中美洲和非洲的日晒式咖啡、埃塞俄比亚的水洗式咖啡或现在被人热议的瑰夏种等。能让人联想到成熟水果和芬芳花香的咖啡也是不错的选择。

另外，也有人饮用咖啡时会搭配巧克力等甜点，所以，如果选择"轻度烘焙"中风味明确的咖啡，保证会有一个丰盛的夜晚。

咖啡应该买豆还是买粉?

尽管是根据豆子的种类和烘焙程度选择的自己喜欢的咖啡，但根据买的是豆还是粉，以及保存方法的不同，品质也可能有很大差异，这就是咖啡。在本章的最后，简单介绍一下豆子的有效保存方法。

咖啡应该买豆还是买粉——关于这个问题，迄今为止我真的被很多人咨询过。

我觉得，提出这个问题的背景有很多。没有磨咖啡豆用的研磨机，因为价格太高了；虽然有研磨机但是磨起来很麻烦，不太喜欢研磨机的性能和设计，等等。

直截了当地说，**我认为咖啡绝对应该购买"豆"**。理由很简单。

一般来说，咖啡从磨好的瞬间就开始劣化了。与豆子的状态相比，在碾碎的瞬间咖啡豆的表面积急剧增加，与空气接触的面积增大，劣化也加速进行。比起豆子本身的香味，碾碎时粉散发的香味更强烈也是因为这个原因。

当然，在买咖啡的时候，不管是豆还是粉，都要付同样的价格。但是，如上所述，**在豆的状态和粉的状态下，劣化的速度是完全不同的。**也就是说，不管是豆还是粉，价格都一样，但是粉的劣化速度绝对更快，如果考虑到得失，买粉就会损失很大。

买咖啡粉的话可能就会变成这种状况：明明购买豆子的那个人还能愉快地享用咖啡，而我的咖啡可能已经不能喝了。因此，从品质和性价比来考虑的话，绝对推荐买豆子。经常喝咖啡，但是没有研磨机的朋友请一定要买研磨机！

对于想购买咖啡粉的人，也有折中方案：**请一定要买一周内可以喝完的量。**与大量购买相比，少量购买可以相对防止劣化。对于那些觉得"我想每天喝好喝的咖啡，然而每天磨咖啡豆又太麻烦"的人，这是我给出的折中方案。

但是，理想的方案还是直接购买豆子，在萃取之前进行碾磨。这一点请一定不要忘记！

科学正确地保存豆子的方法

近年来，人们终于开始从品质方面对咖啡的保存方法进行科学的验证和考察了。瑞士苏黎世大学的精品咖啡中心（Coffee Excellence Center）进行了"如何保持咖啡新鲜度"的研究。

在研究中，他们探究了保存时会影响咖啡品质的要素。如下所述，虽然品质劣化是由多种因素导致的，但"氧化"被认为是最大的原因。

❶ 氧气
❷ 温度
❸ 湿度
❹ 阳光

咖啡豆烘焙后会产生二氧化碳，这些二氧化碳被困在咖啡豆上直径为10微米至50微米左右的小孔中，然后从那些孔中一点点地释放，最终进入氧化阶段。

二氧化碳有时会被困在小孔中，不会一瞬间就消散。根据保存环境的不同，**一般认为大约经过1个月左右二氧化碳的浓度就会减弱**。

但是，如果是咖啡粉的话，**氧化的速度会特别快**。由于咖啡豆被磨成了粉末，表面积增加了数万倍，接触氧气的面积也因此增加，因而容易从小孔中释放二氧化碳。

另外，根据烘焙程度的不同，二氧化碳的产生量也有差异。深度烘焙时二氧化碳的产生量比轻度烘焙时要多（就滴滤式咖啡而言，比起轻度烘焙，深度烘焙效果更好，这只是单纯因为其二氧化碳含量更高）。

因此，可以推测出**深度烘焙会使氧化的速度更快**。另外，在高温潮湿的保存环境中，二氧化碳的产生量会增加，氧化的速度也会加快。

如果你想"更长久地保持咖啡豆的新鲜度"，就从尽量防止氧化开始吧。下一节，我将说明具体的保存方法。

最好将豆子包起来保存

根据精品咖啡协会（Specialty Coffee Asssociation）发布的《咖啡新鲜度手册》（*The Coffee Freshness Handbook*），研究得出的结论是，将咖啡保存在购买时的包装袋中，能保存更长时间。

仔细想想，这也许是理所当然的，但是适当包装的咖啡豆表面会被二氧化碳所覆盖，即使购买后打开几次，氧化也不会一下子加剧。

但是，如果换成玻璃保存容器或保鲜盒等，咖啡豆就会被置于充满氧气的环境中。如果把好不容易被二氧化碳覆盖的豆子转移到充满氧气的保存环境中，咖啡豆就会以戏剧性的速度进行氧化。

用那种内侧贴着铝箔、不容易透光的袋子保存豆子是比较理想的。而且，我们知道，在温度持续较低的环境下，咖啡豆能保持新鲜。即便是常温保存时只能保持 1 ~ 4 周的新鲜度的咖啡，冷冻保存的话也可以延长3个月左右的保存时间。

也就是说，为了实现更保鲜的保存方法，需要妥善地做到以下三点：

❶ 要用购买时的包装来保存咖啡豆；

❷ 如果店铺使用的包装是遮光型的话，那就更好了；

❸ 注意避免高温和湿度大的环境，尽量在较低的温度下保存。

因此，如果店铺使用的是遮光型的包装，买回后保持原状简单地用低温保存就是最有效的保存方法。

咖啡师的秘诀是"冷冻保存"

关于咖啡的保存方法，根据店铺和公司的不同，其说明也会有所不同。到底哪些信息是正确的？如果你爱喝咖啡的话，应该会多次碰到这种让人头疼的情况。

因此，我建议的方法是，买了咖啡豆后直接"冷冻保存"。为什么这么说呢？因为咖啡豆冷冻后，固体不会变成液体蒸发，而从固体变成气体的升华现象，其发生速度则会延迟约16倍。也就是说，通过降低保存温度，可以长久保持咖啡的香气和味道。

冷冻保存的时候，使用高密封性的保存容器或者真空袋比较好。虽然这是为了防止冰箱里的水分附着以及味道转移，但保存时仅仅将包装里的空气抽出来，你就能感觉到味道上的戏剧性差异。因此，当你为保存方法烦恼的时候，请一定试着冷冻保存。

进行这项研究的，是我的朋友以及美国俄勒冈大学的克里斯托弗·亨登（Christoopher Hendon）副教授等人，他们于2016年发表了题为《豆源和温度对研磨烘焙式咖啡的影响》（*The effect of bean origin and temperature on grinding roasted coffee*）的论文。

根据这项研究，咖啡豆的温度越低，粒度分布（关于磨豆子时大小颗粒的偏差，详细说明参照下一章）越小。也就是说，虽然使用的是同样的咖啡豆以及同一规格的研磨粒度，但如果**咖啡豆的温度不同，就会产生不同的粒度分布。**

其实验所使用的温度带分为常温（20℃）、冷冻（零下19℃）、干冰（零下79℃）、液氮（零下196℃）四种。这些豆子都是在原温度状态下用研磨机研磨的，没有解冻。其中，粒度分布最窄并提高了图表偏度的是利用液氮保存的咖啡豆。之后，它们按照干冰、冷冻、常温的顺序在粒度分布上产生了差距。

在汇集了世界最顶级技术和知识的世界咖啡师大赛上，近年来也出现了很多专门冷冻咖啡豆来进行萃取的咖啡师。为什么呢？因为科学表明，在较低的温度下冷冻咖啡豆可以缩小其粒度分布，有效地增大咖啡粉的表面积。因此，通过这项研究，我们发现仅通过冷冻就能产生更佳的粒度分布。

另外，即使是冷冻状态的咖啡豆，研磨时也不需要解冻。请把豆子以冷冻的状态迅速研磨。也没必要因为粉末的温度低，就考虑把水温调高（因为粉末的温度一瞬间就会上升），所以请试着像往常一样进行萃取。我保证大家一定会被戏剧性的味道差异吓到。

"凉了还能喝吗？"是检验味道的最强标准

描述或是评价咖啡的味道，可以说是一件难度非常高的事。作为咖啡专家的我们，也经常一边烦恼，一边犯错，一边每天坚持学习。

关于咖啡的味道，可能根本不存在"正确答案"。当然，作为国际标准的品质基准是存在的，但是这个基准是随着时间而变化的。

这种倾向特别显著的，应该说是浓缩咖啡。即便是在来自世界60多个国家的代表咖啡师聚集在一起，凭借品味、萃取技术、演讲等互相竞争的世界最权威的世界咖啡师大赛上，被推崇的浓缩咖啡也在逐年变化。

例如，2007年我开始参加该大会的时候，受好评的是像巧克力一样的味道，是有本味也有一定程度苦味的浓缩咖啡。

但是现在，人们追求的是能让人联想到果香和花香的风味，追求轻度烘焙带来的有着酸甜味道的浓缩咖啡。细说来，每年受欢迎或被推崇的味道都在不断变化。

虽然这个引子有点长，但以"关于咖啡品质的正确答案和喜好每天都在变化"为前提来看待咖啡的话，我想大家就会变得更加包容，就能享受咖啡的乐趣了。

虽然这么说，但是客观地把握咖啡味道的技能还是必需的，所以我想首先回答"应该怎样评价咖啡的味道"这个问题。

最简单的评价方法是看咖啡"是否凉了也能喝"。也许让你有些失望吧，但它确实是能够正确判断咖啡品质是否合格的最实用的方法。

顺便说一下，优质的咖啡即使凉了也能喝，但是如果品质上或者萃取上有问题，就会有鸡蛋味，或是突出的酸味，会很难喝，甚至难以下咽。

虽然也可以从理论上推导出评价，但评价味道的第一步是看其"凉了还能喝吗？"。我想，如果设置这样一个标准，就很容易判断咖啡的品质了。

CHAPTER 3

第三章

萃取的思考方式

不管萃取多少次
都能将想要的味道
完美引出的技术

通过这一章你能明白：

粒度和味道的关系

萃取机制

滤杯造就的味道差异

咖啡师直接传授的萃取技巧——
必要的器具和步骤

我们已经知道了咖啡豆的"生产国""品种""生产工艺"以及"烘焙"的选择方法，接下来就要转移到实际的萃取步骤上了。

本章将讲解决定咖啡味道的六个要素中的"粒度"和"萃取"所涉及的工序。

但是，关于粒度和萃取的知识非常深奥，即使对专业人士而言也有很多难以判断的地方，所以在进入实践之前，先解说一下萃取的基本思考方式吧。

首先，我将萃取咖啡所需的最基本的器具总结了一下。

图9 萃取所必需的器具和材料

[水壶] [研磨机] [滤杯]

[滴滤壶] [计量秤] [滤纸]

[计量汤匙] [矿泉水] [咖啡豆]

接下来是萃取咖啡所需的最基本步骤：

【萃取步骤】

❶ 把水烧开；

❷ 称量咖啡豆；

❸ 研磨咖啡豆；

❹ 将滤纸放置到滤杯上；

❺ 用烧开的水烫一下滤杯和滤纸；

❻ 确认滤杯热了以后，把咖啡粉倒进去；

❼ 分数次将热水注入，达到规定量后就完成了。

你会觉得这很麻烦吗？但是，咖啡是由非常简单的材料构成的饮品。

请仔细考虑一下，你会发现泡咖啡时需要的材料只有水和咖啡豆。在任何萃取方法中，泡咖啡所需的材料都只有水和咖啡豆。也就是说，一杯咖啡是由**热水和咖啡粉**混合而成的。

因此我认为，为了萃取美味的咖啡，"**将热水和咖啡粉以最佳比例高效混合**"是很重要的。

为什么这么说呢？因为所谓萃取，就是将咖啡的成分转移到热水中的过程。**如何从咖啡中有效地萃取成分，关系到**

咖啡味道的好坏。

如果将萃取分为三大类，那么分别是：❶不完全萃取；❷适度萃取；❸过度萃取。❶和❸是错误的萃取方式。

不完全萃取 ➡ 没有完全萃取咖啡成分的状态

过度萃取 ➡ 过多地萃取了咖啡成分的状态

为了避免这样的萃取错误，需要对热水和咖啡粉的量、温度、粒度（咖啡粉的颗粒大小）、萃取时间等进行最合适的调整。

萃取的秘诀是：

把热水和咖啡粉

按最佳比例

高效混合

"粒度"会改变浓度

咖啡不能直接以豆子的状态进行萃取。萃取咖啡之前，需要粉碎咖啡豆这道工序，即"研磨"。

适当了解粒度对萃取来说很重要，其理由是，咖啡豆要经过研磨，其成分才能最终被转移到热水中。通过研磨，咖啡豆被粉碎成以微米为单位的颗粒。

也就是说，**研磨咖啡豆是为了增加其表面积，通过增加热水和粉末接触的面积，咖啡才能有效地被萃取出来。**

在同样的条件下进行萃取的时候，如果颗粒更细的话，咖啡的浓度就会上升，如果颗粒更粗的话，其浓度就会下降。颗粒越细，咖啡粉的表面积越大，成分就越容易溶在热水里。相反，颗粒越粗，其表面积就越小，成分越难溶解。

如果浓度会受到粒度的影响，那么味道也会因粒度的不同而产生很大的变化。粒度太小的话，浓度会变高，会有鸡蛋味（＝过度萃取），粒度太大的话，浓度会变得很低，味道会变得像水一样（＝不完全萃取）。

在咖啡的萃取中，"**粒度**"起着非常重要的作用，因为它是决定咖啡萃取中最重要的"**浓度**"的主要因素。

当然，也有通过改变水量和粉量来调整咖啡浓度的方法，但个人不推荐。为什么这么说呢，因为水量和粉量存在"恰当的比例"，如果改变水量和粉量的话，超过这个范围太多很有可能导致过度萃取或不完全萃取。在通过改变水量和粉量控制浓度之前，先通过改变粒度来调整浓度吧。

因此可以认为，在判断萃取质量时，**适当的粒度设定占了80%**。以粒度为基准来设定自己喜欢的适当浓度吧。

萃取的关键——研磨机

以豆子的形式购买咖啡时需要用到研磨机。根据研磨机的不同，咖啡的味道也会发生戏剧性的变化。受研磨机的刀刃形状、刀刃材质、涂层、旋转数（RPM）等要素的影响，粒度会有很大变化。

研磨机不同，磨出的咖啡粉在同一粒度下的颗粒状况也不尽相同。这一点肉眼也能看出来，仔细观察的话，会发现磨出的咖啡粉有的颗粒大，有的颗粒小，颗粒大小存在幅度变化。

通过专业的检查，可以知道其差异是以微米为单位的，这个差异范围叫作"粒度分布"。所谓粒度分布，是用图表来表示在整体量为100%时，磨粉时所产生的大小颗粒是以怎样的比例出现的。

现在人们认为的"好的研磨机"，指磨出的粉末粒度分布窄的研磨机。

为什么粒度分布窄一点比较好呢？因为比起将豆子磨成粉时粒度分布广的研磨机，好的研磨机可以把过大颗粒和过小颗粒的偏差控制在最小限度内。而且，通过将偏差控制在最小限度内，可以增加理想的粒度所占的比例，较大程度地保证咖啡粉的接触表面积。

与预想的粒度相比，大颗粒较多的话，多数情况下容易引起"不完全萃取"；与预想的粒度相比，小颗粒较多的话，多数情况下容易引起"过度萃取"。虽然用词相同，都叫作"中等粒度"，但老旧的螺旋桨式研磨机磨出的中等粒度颗粒和数万日元的电动研磨机磨出的中等粒度颗粒完全不同。

螺旋桨式研磨机

大颗粒、小颗粒都多＝"粒度分布广"的研磨机

想要的中等颗粒以"较低比例"包含于其中

价值数万日元的专业电动研磨机

大颗粒、小颗粒都很少＝"粒度分布窄"的研磨机

中等颗粒如预想般以"较高比例"包含于其中

因此，这两种研磨机不仅在萃取效率上有差异，其萃取出来的咖啡在味道上也有很大差别。反过来说，拿咖啡店的

粒度均一的家用电动研磨机的最高峰"NEXT G"

世界顶级的咖啡师也会在比赛上使用的世界最高水平的手摇式研磨机"Comandante C40"

咖啡和自己家的比较味道的话，先不谈萃取技术，就从谁拥有更好的研磨机这一点上看，两者也会存在很大差异。说得明白一点就是，请记住研磨机"便宜等于劣等"这句话吧。

咖啡是非常简单的饮品。虽然配料只有水和咖啡豆，但是研磨机产生的粒度分布差异会给味道带来戏剧性的变化。买好的研磨机是喝好咖啡的第一步。所以，请一定不要吝惜对研磨机的投资。

剔除导致余味不好的因素——微粉

但是，粒度无论如何都会存在差异。其大小以微米为单位产生变化，从粒径无限接近于零的粉末到1000微米级的大粉末，微粒的大小分布范围很广。

正如之前介绍的那样，粒度的分布范围被称为粒度分布，磨出的粉末粒度分布区间越窄，就是越优秀的研磨机。另外，粒度分布也是开发研磨机时的指标，像我这样从事产品开发的顾问就经常遇到这个指标。

在粒度分布中，粒径无限接近于零的颗粒被称为"微粉"。在英语中，粒径在100微米以下的微粉被称为"Fine"。

萃取时之所以会产生问题，就是由于微粉的存在。虽然微粉在浓缩法和浸泡法萃取中起着重要作用，但是在透过法中微粉会带来所谓的鸡蛋味和涩味，导致咖啡口感不好。另外，如果产生大量微粉的话，可能会导致滤杯堵塞。好不容易才把咖啡萃取出来，要是味道不好，可就鸡飞蛋打了。对于这个问题，有两种解决方法：

❶购买不易产生微粉的高品质研磨机；
❷用筛子手动去除微粉。

方法❶能够显著减少微粉的量，可以用更窄的粒度分布来研磨咖啡。但是，不管是质量多好的研磨机，都一定会产生微粉，区别只是微粉的量不一样。然而，即便只有量上的差异，还是可以感受到显著的味道差异。

方法❷是大家都可以做到的，比较简单，所以推荐使用。这样做就能感受到微粉对滤杯的影响了。当然，也有咖啡专用的过滤筛。例如，"Kruve"有从100微米到1000微米的过滤筛，是一款靠摇晃咖啡粉来进行颗粒分选的产品。

如果不想做到这种程度，但又想筛除微粉的话，可以使用**茶滤**。茶滤也有很多种类，从粗眼的到细眼的都有。茶滤孔的大小是以筛眼（mesh）为单位的，但它可以换算成微米。

例如，140筛眼可以换算为106微米。因此，想除去100微米以下的微粉的话，推荐购买140筛眼的茶滤。在茶滤里放上咖啡粉，一边敲打侧面一边摇晃，微粉就会掉下来。通过去除微粉，可以抑制过度萃取所产生的鸡蛋味和涩味，请一定尝试一下。

防止静电引起的"粉末扩散"的方法

在用电动研磨机磨豆子的时候，你有没有过粉末飞散到研磨机四周或是沾到研磨机上的经历呢？静电是由咖啡豆和研磨机（刀刃）之间的摩擦产生的。特别是对于刀片旋转速度快的电动研磨机而言，这是常见的现象。

由于静电的产生，粉末会沾在接粉盒上，在研磨的过程中粉末就会飞散开，所以一定会给每天都磨咖啡泡咖啡的人带来一定压力。而且，厨房也会被弄脏。如果能防止粉末飞散该多好啊……电动研磨机中也有像卡丽塔的 NEXT G 那样配备了除静电装置的研磨机，以及把刀刃的转速调慢的研磨机等。但是，为了防止静电的产生，将粉末的飞散降到最小限度的最简单方法是"用少量的水将咖啡豆淋湿"。

请把汤匙或筷子放在水里浸一下，用沾了一点水的汤匙或筷子搅拌咖啡豆后再研磨。因为容易引起静电的原因是"干燥"，所以即使是少量的水，也能大幅度地减少静电。

如果是很少量的水，对研磨机和咖啡的味道都不会有什么影响，所以为粉末飞散感到困扰的人请一定要尝试一下。这样从接粉盒向滤粉器转移粉末的时候，也可以毫无压力了。

颗粒大小对味道有什么影响?

没有研磨机的人应该会以"今天请磨成中等大小的颗粒"这样的方式向咖啡店下订单,有研磨机的人是不是会按照研磨机上的刻度标记来选择研磨粒度呢?

让我们首先从理解日本普遍的粒度标记开始吧。

粒度的种类 ➡ **极小粒度／中小粒度／中等粒度／较大粒度／大粒度**

极小粒度是用于制作意大利浓缩咖啡和土耳其式咖啡等的粒度。研磨后的咖啡粉外观看起来像白砂糖一样清爽,颗粒非常细小。

从中等粒度到较大粒度是自动咖啡机和滴滤式等在家庭中比较流行的萃取方法所使用的粒度。我认为,根据个人喜好,大粒度也是一种选择。

作为一般的标准，**根据"烘焙程度"和喜欢的"浓度"来决定粒度就好**。例如，如果喜欢浓度较高的咖啡，就采用深度烘焙的方法，进行中小粒度研磨；如果比较喜欢清淡的味道，就用轻度烘焙的方法，选择较大粒度研磨。请将一般的滴滤式咖啡的粒度视为中等粒度。

对应味道判定表来参考的话，如图10所示。

基本上，浓度是由纵轴的**"粒度"**（极小～大）来决定的，味道则对应横轴上的**"烘焙程度"**（轻度～深度）。例如，采用极小的粒度，选用深度烘焙的豆子的话，咖啡的浓度最高，苦味也最重，所以口味属于"浓郁"的范畴。

如果研磨成中小粒度的话，咖啡的浓度比极小粒度的要低，即使同样使用深度烘焙的咖啡豆，泡出来的味道也不一样。

对于萃取而言，粒度可以说是如心脏般重要的要素。我认为这是继生豆品质和烘焙质量之后的第三个决定味道的重要因素。

因为粒度的设定不同，咖啡的味道会产生戏剧性的变化，所以不可能存在使用低质量的研磨机萃取出高品质咖啡的情况。粒度对萃取的影响是很大的。

虽然是老调重弹，但如果要投资的话，请投资研磨机。我想，如果能认识到粒度是萃取的"心脏"，就会觉得比起用螺旋桨式研磨机研磨咖啡，还不如到店里少量多次地研磨。

图10　与“粒度 × 烘焙”差异相关的味道判定表

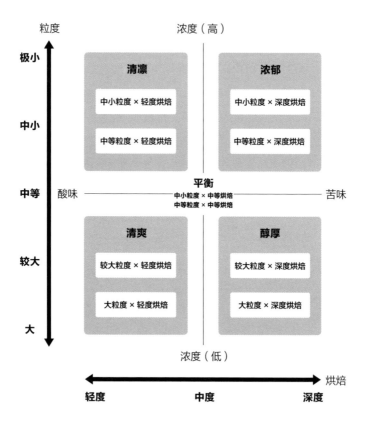

『粒度』是萃取的关键。

粒度不同，味道也会发生

戏剧性的变化。

作为源头的两种萃取方法

接下来，我想重点说明一下萃取方法。萃取法有滤纸滴滤式、法压壶式、意大利浓缩式和爱乐压式等多种形式，但它们基本上可以归为两大类，因为都是根据这两种思路来进行萃取的。首先，我想说明一下作为各种萃取法源泉的萃取法分类。

❶ 浸泡法

一般来说，把咖啡粉和水混合在一起的萃取方法叫作浸泡法。浸泡法的特征是，萃取初期会达到高浓度。法压壶、虹吸壶、杰兹韦壶等是具有代表性的浸泡法萃取器具。

❷ 透过法

透过法指以浓缩式、过滤纸式、金属滤网式、法兰绒滤布式为代表，利用重力和压力的冲泡方法。透过法会形成粉层，通过断续地浇灌热水从粉层中萃取咖啡。

另外，也存在将浸泡法和透过法相结合的混合型萃取方法。爱乐压式和聪明杯式可以说是有名的混合型萃取方法。

十种萃取法的特征

浸泡法

●法压壶式

直接往咖啡粉中注入开水，泡几分钟后，使用金属柱塞来过滤。在日本，这种器具也经常被用来泡红茶，但是在欧美，其主要作为家庭用咖啡萃取器具而被广泛认知。这种萃取方法的难度很低，不需要特别的技术，可以说是面向初学者的。

使用这种方法，咖啡的油分不经过滤就被萃取出来了，所以味道很浓厚，但因为微粉也进入了咖啡里，所以多少会影响口感。

●虹吸壶式

这种方法主要利用烧瓶内的气压变化来萃取咖啡。虹吸壶是一种因华丽外观和视觉效果而拥有众多狂热粉丝的萃取器具，也因此被人们所熟知。因为一般都在高温带上进行萃取，所以这种方法可以萃取出香味很浓的咖啡。不过，虹吸壶的维护和打理比较困难。

●杰兹韦式

这种方法也被称为土耳其式咖啡或夏娃式咖啡的萃取方法，它要求把水和极小粒度的咖啡粉混合在一起，加热到沸腾为止，然后进行萃取。其对应的饮用方法也很独特，不过滤，直接将咖啡带粉末一起倒入杯子中，等到粉末沉淀下去后再喝澄清层。使用这种方法萃取的咖啡浓度也比较高。

●意大利咖啡壶式

这是一种用沸腾的水的蒸气压来萃取咖啡的直火式萃取方法。意大利咖啡壶是意大利家庭每户必备的著名萃取器具。因为是以超过100℃度的水的蒸气压来萃取咖啡的，所以可以萃取出浓度较高的咖啡。

透过法

●滤纸过滤式

这在日本是最普遍的萃取方法吧？它是一种在滤杯上放好滤纸，然后过滤咖啡粉层来萃取咖啡的方法。咖啡在透过滤纸和咖啡粉层时被澄清，变成清澈的液体。

●金属滤网过滤式

这是一种使用金属过滤网进行滴滤萃取的方法。用金属滤网代替滤纸的好处是可以萃取出咖啡粉中的油分。另外，和一次性滤纸不同，因为金属滤网可重复使用，所以可以说是比较环保的萃取方法。不过，这种方法虽然减少了微粉的量，但还是会有微粉被萃取出来，所以不适合那些不喜欢有微粉带来的粗糙口感的人。

●法兰绒布过滤式

这是一种使用法兰绒这种柔软布料来作滤布的萃取方法，其在日本也拥有众多忠实拥趸。黏稠的质感可以说是使用法兰绒布过滤式萃取的咖啡的独特特征。但是，需要注意绒布自身的清洁和保管方法。

●意大利浓缩咖啡式

这种方法需要将研磨到极小粒度的粉末压实，然后通过施加压力进行萃取。利用这种方法萃取的咖啡，其浓度比滴滤式咖啡要高近10倍。萃取浓缩咖啡需要较高的技术和对萃取的深度理解，以及昂贵的机器，所以不推荐在家使用。

●爱乐压式

爱乐压由两个大筒构成，它们像注射器一样重叠在一起，是一种把咖啡挤出来的萃取方法。为了利用气压来进行萃取，要使用粒度较小的咖啡粉，萃取时间也较短。作为北欧常见的萃取方法，现在爱乐压式已发展为能够单独举办世界大赛的人气萃取方法。

●聪明杯式

聪明杯看起来就像个滤杯，但杯子下面有阀门，可以将热水储存在滤杯内。这是一种将浸泡法和透过法相结合的萃取方法，所以被认为是为那些喜欢浸泡法带来的质感但不喜欢微粉的人而设计的，是一种比较新式的萃取方法。

滤杯的不同会让味道有巨大的改变

本书将以日本最常见的萃取方式滤纸过滤式为例，对滤纸过滤式的机制和滤杯的种类进行说明。

滤纸过滤式是透过法中具有代表性的萃取方法。萃取时，热水在滤杯内通过被称为滤床的咖啡粒子层，以滤纸来过滤咖啡。

采用这种方法进行萃取时，经过滤床的清澄化的液体会进一步通过滤纸被萃取出来，不会残留粉末，所以完成后得到的是具有透明感的液体。

滤杯大致分为"**梯形**""**圆锥形**""**波浪形**"三种。"梯形"方面较出名的滤杯有卡丽塔（Kalita）和梅丽塔（Melita）。"圆锥形"方面较出名的滤杯有哈里欧（Hario）和科诺（Kono）。"波浪形"方面较出名的也是卡丽塔。

原则上，过滤咖啡粉的原理是不变的，但是根据滤杯的**形状、孔数和大小的不同，以及**是否有"**肋骨（沟）**"，萃取出的咖啡味道也会不同。

这主要是因为这些要素会决定热水在滤杯内滞留的时间是变长还是变短，流速是变快还是变慢。其结果就是，咖啡或是味道变清爽，或是浓度变高，或是本味被引出来。总之，味道会弹奏出一首变奏曲。

特别是根据滤杯形状的不同，滤床（滤杯内部的粉层）的深度会发生变化。滤床的深度会影响萃取时间，对滴滤式咖啡的味道有很大的影响。

这种现象可以用表现通过多孔介质的液体（在这种情况下是通过滤床的水）运动的达西法则来说明。根据这个法则，热水通过滤床时经过的距离越长，热水的流速就越慢。也就是说，如果滤床很深的话，**热水要花很长时间才能通过。**

例如，在完全按照相同的粉量和粒度来萃取的情况下，因为直径大的滤杯比直径小的滤杯的流量大，所以热水更容易通过。

像这样在理解了滤杯形状的基础上进行萃取的话，就可以萃取出更接近自己口味的咖啡。在此基础上，再根据自己的口味和对咖啡本身的风味特性、烘焙程度、混合还是单品等的喜好来选择滤杯就可以了。

图11　渗滤速度的不同

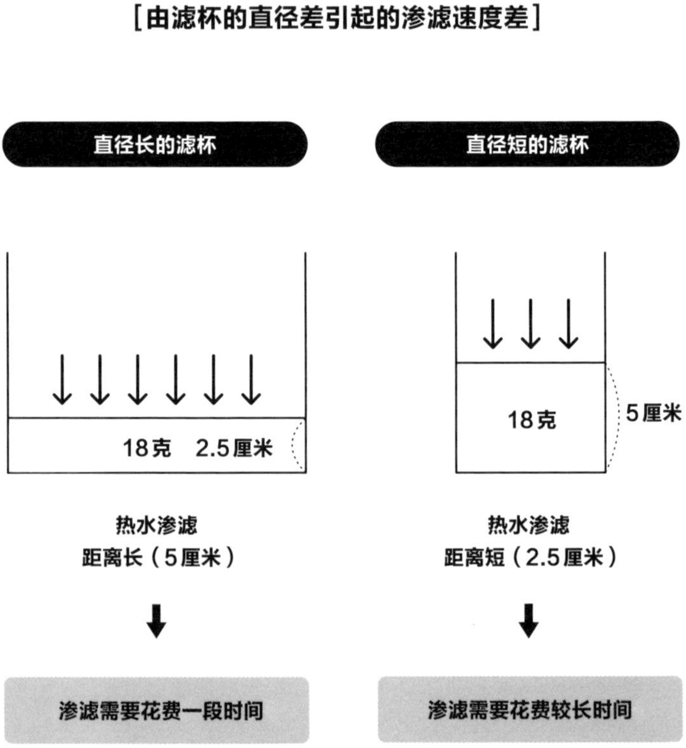

[由滤杯的直径差引起的渗滤速度差]

直径长的滤杯	直径短的滤杯

↓ ↓ ↓ ↓ ↓ ↓

18克　2.5厘米

↓ ↓ ↓

18克　　5厘米

热水渗滤
距离长（5厘米）

热水渗滤
距离短（2.5厘米）

↓

↓

渗滤需要花费一段时间

渗滤需要花费较长时间

市场上售卖的几种常见滤杯

· 哈里欧（圆锥形·V60）

· 卡丽塔（梯形·三孔）

· 卡丽塔（波浪形）

· 梅丽塔（梯形·一孔）

· 科诺（圆锥形、肋骨短）

以上是日本常见的滤杯。大家可能会觉得，只要是滤杯，萃取出的咖啡味道都是一样的。但是，事实上，滤杯的形状、孔数、肋骨（沟）的长短和材质的不同，也会导致味道的不同。另外，每种滤杯都有专用的过滤纸。

我个人喜欢的滤杯是"折纸"（ORIGAMI）滤杯。它是比较新式的滤杯，虽然是瓷制的，但是重量很轻，是可以在高温下进行萃取的滤杯。因为这种滤杯可以使用卡丽塔波浪杯的滤纸和哈里欧V60的滤纸，所以可以根据个人喜好来控制流速。

接下来，我们将详细说明不同滤杯所带来的具体味道差异，以及如何选择自己喜欢的滤杯的方法。

被全世界顶级咖啡师所喜爱的
"折纸"滤杯

流速改变浓度

在上一节中，我们学习了透过法的机制和滤杯的种类，在这里我想让大家就滤杯是如何影响味道的来进行思考。

滤杯的形状、孔数和肋骨长短会影响热水通过粉层的速度，即所谓的流速（萃取时间）。流速越快，水和粉的接触时间就越短，流速越慢，水和粉的接触时间就越长。

因此，如果比较使用同一配方不同滤杯来萃取的情况，会发现流速造成了很大差异，咖啡味道变得完全不同。

流速快的话，咖啡的味道会很清爽，流速慢的话，咖啡的味道会变重。你可以这样理解：流速会影响萃取液的浓度。也就是说：

喜欢浓度高的咖啡 ➡ 选择流速"慢"的滤杯

喜欢浓度低的咖啡 ➡ 选择流速"快"的滤杯

如果按照流速的快慢来排列滤杯的话，则如图12所示。

V60底部的萃取口很大，肋骨也很长，所以是一种很容易排出热水的滤杯。我们可以认为，由于热水比较容易排出，所以对于泡咖啡的人来说，能够通过控制水量很轻松地调整咖啡的浓度。我觉得这种滤杯适合追求低浓度的人。

科诺式滤杯的特征也是底面的萃取口大，不过，因为其肋骨和V60的相比较短，热水排出得比较慢，所以如果想要更高浓度（与用V60萃取的咖啡相比）的话，它可以说是最适合的滤杯。

关于波浪杯中"波浪"的由来，正确地说指的是滤纸。波浪杯底部也是三个孔，但是样式和卡丽塔三孔式不同。卡丽塔三孔式的孔是串联成一条直线的，而波浪杯的孔则是以三等分圆形的方式配置的，而且其底面是平坦的，是为了让水和粉能紧密接触而设计的。

多亏了波浪式滤纸，该滤杯本身和滤纸的接触面积很小，所以它也是一种在排出热水方面比较出色的滤杯。

如上所述，卡丽塔三孔式是一种底面上三个孔以直线串联起来的滤杯。因为水和粉能很好地接触，流速相对较慢，所以对喜欢高浓度咖啡的人来说，是最适合的滤杯。

梅丽塔式是由世界上第一家开发滤纸滤杯的公司梅丽塔公司开发的滤杯。梅丽塔式滤杯的特征是底部只有一个孔。当然，因为只有一个孔，所以热水和咖啡粉会在充分接触的状态下被萃取，可以获得浓度较高的咖啡。

虽说同样是滤杯，但是由于其形状、孔的数量以及所使用的滤纸形状的不同，流速会发生变化，其结果就是咖啡浓度或表现出的味道会有差异。请参考图12的滤杯流速差异，选择与自己喜欢的浓度（味道）相近的滤杯进行味道调制吧。

图12 主要由滤杯造成的渗水速度和浓度差异

※ 在同一条件下萃取

形状	制造商	滤杯	渗水速度	浓度
圆锥形 V60	哈里欧		快	低
圆锥形 肋骨短	科诺			
波浪形	卡丽塔			
梯形 三孔	卡丽塔			
梯形 一孔	梅丽塔		慢	高

滤杯的材质也会让味道发生变化

你想象过滤杯的材质是如何影响味道的吗？很多人都是以外观、用着是否顺手、耐久性等为考量来购买滤杯的，但是滤杯的材质不同，咖啡的味道也会不同。

滤杯所使用的主要材料是塑料、陶瓷（瓷器）、玻璃和金属。滤杯的材料影响咖啡味道的主要原因在于比热和导热率的不同。

比热是指"1克物质的温度上升1度所需的能量"，导热率指"传热的速度"。因此，根据材质的不同，既存在容易加热、容易冷却的材料，也存在不易加热、不易冷却的材料。

塑料材质的滤杯可以说是最便宜最容易买到的。塑料一方面不易加热，但另一面也非常不易冷却，所以在保持萃取温度方面可以说是比较合适的材料。而且，其耐久性也很高，所以我出差或旅行的时候经常携带塑料滤杯。

陶瓷是制作滤杯时最受欢迎的材料之一。因其外观的优雅和厚重感，陶瓷滤杯常被当作室内装饰来展现，我想很多人都有"滤杯就是陶瓷的"的印象。

陶瓷的保温性比塑料的还高，但需要注意的是，其重量比塑料重。重量太重的话，萃取温度会急剧下降，所以在使用陶瓷滤杯的时候，萃取前精心加热是很重要的。

玻璃材料的比热也比较低，但其重量仅为陶瓷的一半左右，所以不容易导致热量被吸收。作为滤杯而言，玻璃可以说是比较好利用的材料，而且外观优雅。

金属的比热低，导热率高，可以快速达到目标萃取温度。但是，金属制滤杯的重量较轻，比起塑料、陶瓷和玻璃制的滤杯，其侧面温度容易下降，所以不适合用于长时间的萃取。

如果仔细加热后使用的话，还是推荐陶瓷滤杯。我认为，好好加热的话，陶瓷滤杯的保温性也很不错，容易保持萃取温度。萃取时间约为3分钟左右的话，也推荐金属滤杯。如果是金属滤杯，从开始萃取时就可以在高温下进行，所以可以始终保持高温萃取。

各式各样的滤杯。根据使用的滤杯的形状、孔数、材质等的不同，咖啡的味道会发生改变

通过改变浓度来寻找喜好的味道

咖啡的风味可以用甜味、酸味、苦味和以质感为代表的味道来形容，这些都是主观描述，所以说个人喜好会对咖啡评价造成很大影响。

但是，浓度则可以用客观的数值来表示，依据数值，可以调制出符合自己喜好的味道。

在这里，我要介绍一下利用"浓度的高低"来寻找喜好的味道的方法。虽然影响味道的因素充满了不确定性和不特定性，但浓度在一定程度上是可预测的，理论上具有再现性。

将影响浓度的要素大致分类的话，可以分为烘焙程度、热水的温度、粒度和滤杯几类。其中影响特别大的是烘焙程度。烘焙程度越深，浓度越高。这是因为烘焙程度越深，咖啡的溶解度（咖啡成分溶于热水的比例）越高。

热水的温度也会影响浓度。热水的温度越高，咖啡的溶解度越高，与刚沸腾的热水相比，在水温为80度的时候萃取的咖啡浓度则比较低。

粒度越小，浓度越高。咖啡粉的表面积增加的话，其接触热水的面积就会增加，结果浓度就会升高（通过细化粒度来实现的浓度上升是有极限的）。

　　正如我在讲滤杯时说明的那样，根据滤杯底部的孔的数量和形状的不同，咖啡的浓度会发生变化。例如，深度烘焙＋高温＋粒度细化＋梅丽塔式＝浓度变高，轻度烘焙＋低温＋粒度粗化＋哈里欧Ｖ60＝浓度变低。浓度越高，咖啡的味道就越容易倾向于苦味；浓度越低，咖啡的味道就越容易偏向酸味。

　　通过了解自己喜欢的浓度，可以根据心情自如地调整萃取方法。

　　比如说，如果早上想喝清爽一点的咖啡，就要灵活地利用滤杯调整浓度；如果买来的咖啡比想象的要烘焙得更深因而味道发苦的话，就要灵活地利用水温进行调整。只要调整烘焙程度、热水的温度、粒度、滤杯中的某一个要素，就可以实现浓度的调节。

　　影响浓度的要素按重要性排序为"烘焙程度＞粒度＞热水的温度＞滤杯"，这会成为你实现自己喜欢的浓度的捷径。

CHAPTER 4

第四章

不输给专业选手的最强萃取法

将水和咖啡粉
高效混合的
六个规则

通过这一章你能明白：

重量·时间·温度的调整法

注水的方法（流量、流速、次数、高度）

蒸制的诀窍

水的选择方法

豆子的成分只有三成能溶于水

我之前说过，所谓成功萃取，就是以最佳比例将水和咖啡高效混合在一起。不过，为何需要"高效"混合呢？

把热水和咖啡粉混合在一起，使咖啡的成分转移到水里，这一过程叫作萃取。但是，在萃取过程中，咖啡的成分并不能100%溶解，因为咖啡豆中70%的成分是不溶于水的不溶性固体，**只有30%左右的成分是能溶于水的可溶性固体。**

因此，如何高效地将咖啡的成分转移到水里，是萃取过程中最重要的思考方向。

高效率的萃取与获取芳香、风味、口感等这些使咖啡成为"最复杂的饮品"的特性息息相关。使咖啡之所以被称为咖啡的独特味道和香味是由化学物质的组合产生的。作为如此复杂的饮品，其萃取也是由复杂的工序和变量构成的。

因此，如果说萃取100次，100次的味道完全相同，那是不可能的。能影响咖啡味道的要素就是如此之多。

咖啡豆的成分有七成不溶于水。如何把剩下的三成高效地转移到水中是萃取的关键。

正因为如此，尽可能选择再现性高的方法，即依靠数字来提高萃取的再现性就变得很重要。下面我们就来解读这些数字的重要性。

数字不会骗人

　　为了能更好地、再现度更高地萃取出美味的咖啡，以下六项数字规则很重要。

萃取的六项数字规则：
　　❶ 豆子的重量
　　❷ 热水的重量
　　❸ 萃取时间
　　❹ 温度
　　❺ 蒸制
　　❻ 注水方式（流量、流速、次数、高度）

　　那么，按顺序来说明吧。

❶ 豆子的重量

大家是怎么计量咖啡豆的？恐怕最常见的方法是用计量汤匙吧。我想，应该有人会用"一汤匙咖啡粉等于一杯咖啡的量，两汤匙咖啡粉等于两杯咖啡的量"这样的方法记忆吧。

作为在家里泡咖啡的第一步，这种方法很简单，所以我觉得也挺好的，但是不推荐给想喝更好喝的咖啡的人。使用汤匙的计量方法是以咖啡的体积为基准的，但是**咖啡豆的重量会因烘焙程度的不同而改变。**

烘焙的咖啡豆含有水分，虽然量微，但其所含水分根据烘焙程度而有所不同。就每粒豆子的重量而言，烘焙程度越深则豆子越轻，越浅则越重。

使用计量汤匙的计量方法是以咖啡豆的体积为基准的。自然，轻度烘焙和深度烘焙的豆子虽然体积相同，但是重量不同，这就可能造成味道的不稳定。另外，品种不同，豆子的大小也不同，而不同的品种也很难用计量汤匙统一测量。

由于这些原因，用计量秤（电子秤）来测量咖啡豆的重量的话，就能提高再现性。用计量秤测量重量的话，无论是轻度烘焙还是深度烘焙的咖啡豆，重量总是一样的。

❷ 热水的重量

测量要使用的热水的量也很重要。平时大家萃取的时候当作参照的，一定是容器上的刻度吧。比如说，在用滤杯进行萃取的时候，我想大家都是以这样的标准来萃取的：水到这条线的话是几杯的量？说到底，容器上的刻度只是制造商给出的作为标准的大概的量。另外，如果看刻度的视线角度不同，水量也会产生很大变动，会使萃取量变得不稳定。

因此，为了萃取出美味的咖啡，建议不要使用萃取量这个标准，而要根据**"萃取时使用的热水的重量"**来计量。将称好的咖啡粉、萃取器具（滤杯、滤纸、容器或杯子）放在计量秤上并将重量设定为零，这样就可以只对萃取所用的水进行重量测量了。也就是说，从萃取开始到结束为止，可以持续把握加入的热水的量。

具体的步骤如下：

（1）将称好的咖啡粉放置在萃取器具上；

（2）将放置好咖啡粉的萃取器具放在计量秤上并将重量设定为零；

（3）注入达到规定量的水后完成萃取。

萃取是指将热水和咖啡粉以最佳比例高效混合的过程，萃取成功的秘诀不仅在于咖啡豆的重量，关键还要控制所使用的热水的重量。

如果使用咖啡专用的计量秤，可以轻松地称量咖啡豆和热水的重量并记录萃取时间

❸ 萃取时间

第三个要点是测量萃取时间。如果萃取时间因当天的心情而改变的话，好不容易测量的咖啡豆重量和热水重量就都白费了。

萃取时间就是热水和咖啡豆接触的时间。热水和咖啡豆接触的时间不同，咖啡的浓淡和味道也会不一样。

理想的萃取时间根据萃取方法的不同而不同。当然，即使使用相同的萃取方法，如果喜好的味道不同，萃取时间也会发生变动。

如果是滴滤式咖啡，一般的萃取时间是2～3分钟。我认为保持一致性和遵守萃取时间对于提高萃取水平而言很重要。

之所以说"一般的萃取时间"，是因为本书把萃取时间的基准设定成了3～4分钟，后面会详细说明。

遗憾的是，在学习萃取的基础上，先不说生豆的品质和状态、烘焙程度、保存方法等，光是在萃取这一道工序上，无法控制的要素就有很多。但是，为了能在家享受美味的咖啡并尽量控制好数字能控制的要素，抱有不要比现状糟糕的"保守萃取"的想法很重要。

❹ 温度

第四个要点是萃取时控制水温。作为前提，必须记住水在100摄氏度时能发挥最大限度的萃取力。

但是，当水的萃取力达到最大限度时，也有可能最大限度地同时萃取出好的成分和不好的成分。

控制温度最重要的是，要了解适合不同烘焙程度的温度带，然后了解能激发出自己喜欢的浓度的温度带。

因为滤杯的构造，在萃取过程中水和空气接触的表面积很大，所以不管愿不愿意，萃取温度都会逐渐下降。例如，在通风良好的地方或空调正下方萃取时，萃取温度会显著下降，所以做滴滤式咖啡的场所也需要细心考虑。

另外，如果事先没有加热滤杯，或是由于滤杯材质的问题，萃取温度也会急剧下降。无论你怎么控制热水的温度，根据萃取环境的不同，萃取温度都有可能发生变化。

因此，要想根据烘焙程度引出自己喜欢的浓度，在探寻萃取水温的基础上，尽最大努力防止萃取温度的降低是很重要的。

❺ 蒸制

第五个要点是蒸制。一般来说，蒸制的终点是制作出"咖啡圆顶"。如果不能很好地制作出"咖啡圆顶"，蒸制过程就算失败了。但是，能否成功地制造出"咖啡圆顶"，和萃取的成功与否完全没有关系。

图13　萃取的六项数字规则

❶	**豆子的重量**	因为计量汤匙测量的是体积，而豆子的烘焙程度会影响豆子的重量，所以应该用计量秤来测豆子的重量。
❷	**热水的重量**	不要用粗略的刻度（如几分之几杯的量）来做计量，而要测量使用的水的重量，这样才能保证水和豆的比例正确。
❸	**萃取时间**	为了保持味道的一致性，管理萃取所需的时间是有效的。请调整到不长不短、合适的时间。
❹	**温度**	热水的温度不同，咖啡的浓度会有很大变化。根据烘焙程度来控制温度是接近喜欢的味道的秘诀。
❺	**蒸制**	其目的是让热水能快速均匀地通过咖啡粉，提高萃取阶段的萃取效果。请注意这和是否能形成咖啡圆顶无关。
❻	**注水方式**	在流量、流速、次数、高度等方面，注水有很多诀窍。为了使咖啡粉能均匀地接触热水，存在最好的数值标准。

"咖啡圆顶"的本质是与热水反应后形成气泡的二氧化碳。二氧化碳是由烘焙产生的，烘焙的咖啡豆中一定含有二氧化碳。烘焙程度越深，咖啡豆的二氧化碳含量就越丰富，之后随着时间的推移它们会慢慢地从豆子中释放出来。

　　因此，"咖啡圆顶"能否膨胀起来主要与二氧化碳的含量有关，不能作为对蒸制技术进行评价的指标。如果单纯地想让"咖啡圆顶"漂亮地膨胀起来，只要将刚刚烘焙好的深度烘焙咖啡豆细细地碾碎，并用高温的热水来萃取即可。

　　另外，还有人煞有介事地说，注入的热水如果不从滤杯中漏下来，就算成功蒸制了，但我不认为这是蒸制成功的标准。在蒸制的过程中，最重要的是**"使适量的水均匀分布在所有粉末上"**。因为如果热水能平均分布在所有粉末上，萃取阶段的萃取效率就会变高。

　　在蒸制阶段，如果滤杯内存在没有接触热水的粉末，就会阻碍第二倒及以后的均匀萃取。

　　蒸制的要点是，在注入热水的瞬间将水均匀地浇在全部粉末上，在萃取阶段有效地引出咖啡粉中的可溶性固体成分。

　　在遵守这个前提条件的基础上，把控蒸制的时间也是非常重要的。关于蒸制的时间，稍后会详细说明。

❻ 注水方式（流量·流速·次数·高度）

注水时水的流量和流速也是应该测量的重要因素。流量是指从水壶中倒出的热水的量，流速是指从水壶中倒出的热水的速度。流量和流速对于咖啡的味道有莫大的影响。

其原因是，根据注水时所产生的水流能否**把滤杯内的咖啡粉均匀地搅拌开，萃取效率会发生变化。**如果能通过水流将滤杯内的咖啡粉高效地搅拌均匀，就可以高效地引出咖啡粉中的可溶性固体成分。

可能有人会认为，如果想高效地搅拌，只要用力注入热水就可以了。但是，在流量太大和流速太快的情况下，只有一部分粉末会与热水接触，热水会从被强烈的水流冲塌的滤床中漏出，从而导致萃取的液体浓度变低。

流量太小和流速过慢的话，粉末也不会与水彻底接触，而是会形成结块，从而导致不完全萃取。所谓适当的流量和流速，理想的情况是，滤杯内的咖啡粉战胜重力，在滤杯内漂亮地浮游，所有粉末都均匀地被搅拌。

适当的流量和流速是：

蒸制阶段 ➡ 每秒约 3 ~ 4 毫升
萃取阶段 ➡ 每秒约 5 ~ 7 毫升

请这样去考虑：要想知道自己注水时水的流量和流速，请准备装好水的水壶、空的容器或马克杯、计量秤、定时器，在计时开始的同时以惯用的流量和流速向马克杯或容器内注水，持续10秒左右。这样你就能知道自己每秒钟注入多少热水了。比如，20秒注入60毫升热水的话，流量和流速就是每秒3毫升。

流速为每秒1 ~ 2毫升的话，速度很慢，10毫升的话又太快了。蒸制时请将流速控制在每秒3 ~ 4毫升，蒸制之后则控制在每秒5 ~ 7毫升，这是用水流的力量有效搅拌滤杯内粉末的最适当的速度。

注水的高度以离水面5厘米左右为宜。注水的高度会影响水流的强度，从而影响滤杯内的粉末被搅拌的程度。无论是太低还是太高，都不能让滤杯内的粉末被均匀搅拌，所以请把高度控制在离水面5厘米左右。

萃取时应该遵守的数字规则有"豆子的重量""热水的重量""萃取时间""温度""蒸制""注水方式"这六项。

在下一节中，我们将遵守这六项规则，学习泡出美味的咖啡所必需的、表示咖啡豆与热水的适当比例的"萃取比例"。

专业人士使用的美味方程式——
秘传的"萃取比例"

在萃取咖啡的时候，依靠数字可以使味道保持一致，无限地提高再现性。但是，如果萃取的时候不知道要用多少咖啡豆和多少热水的话，那就功亏一篑了。因此，重要的是，要掌握依据"**萃取比例**"进行萃取的思维方式。

萃取比例指咖啡豆和热水的理想比例。咖啡豆和热水的比例是理想萃取的重要指标，专业人士也是按照萃取比例这一思维方式来制作配方的。

例如，滴滤式咖啡使用的国际一般萃取比例是1：16，即咖啡豆的量为1的话，热水的量为16。如果使用20克的咖啡豆进行萃取的话，需要的热水的量就是20×16，即需要320克热水。就是这种思维方式。

这个比例在咖啡业界很受欢迎，但是因为数字很细小很麻烦，所以本书想明确地说明在100克热水的情况下需要用多少克咖啡豆。

如果制作滴滤式咖啡，按照以下比例来制作配方吧。

萃取比例的基本配比 ➡ **热水100克，咖啡豆6 ~ 8克**

例如，如果想和搭档一起喝咖啡的话，需要约300克热水，在采用每100克热水配6克咖啡豆的萃取比例时，需要的咖啡豆的量是18克（如果是滴滤式咖啡的话，每克粉大概会截留2毫升的水，因为粉会锁住水分，所以咖啡的萃取量到不了300克）。

咖啡豆的量之所以有幅度变化，**是因为我希望你能在上面的萃取比例范围内调整出自己喜欢的浓度。**我认为好的浓度和大家喜欢的浓度不一定一致，所以请以这个比例范围为基准寻找自己喜欢的浓度吧。

图14 萃取比例的基本公式

	热水的重量		豆子的重量
基本比例	**100克**	**:**	**6（~8）克**
	↓ × 3		↓ × 3
2杯的量	**300克**	**:**	**18（~24）克**
2大杯的量	**500克**	**:**	**30（~40）克**

泡出美味的基本萃取配方

和萃取比例一样，萃取配方也应该以数字为基础进行设计。为了保证萃取的一致性，不仅要遵守萃取比例，萃取配方也需要进行严格的数值管理。另外，如果不中意味道的话，这样也很容易确定原因或进行改善。

萃取大致分为两个阶段：第一阶段是"蒸制"；第二阶段是"萃取"。在这里，我想介绍一下我平时使用的配方。

在第一阶段"蒸制"中，以本次萃取所用的总水量为基数，注入20%的热水，在第二阶段"萃取"中，将剩下80%的热水**分成20%和60%两次来注入**。如果用300克的热水来萃取的话，就是在蒸制阶段使用60克，然后在萃取阶段先后使用60克和180克。

通过将萃取用的水量分成20%、20%和60%三部分，不管用水量是100克还是400克，都可以轻松地改变配方。另外，因为产生浓度的可溶性固体成分在萃取的前半部分几乎

以数字为依据

让味道保持一致，

反复泡出最棒的一杯。

都溶解掉了，所以在第二倒之前就能得到某种浓度的咖啡配方了。

　　虽然这个配方经过三次注水就可以轻松完成萃取，但是采用这种方法萃取时出现**不完全萃取的风险很高**。因此，重要的是"**蒸制时间**"。这个蒸制过程的成功与否，会让咖啡的浓度和味道发生戏剧性的变化，下面将详细说明这一点。

蒸制方式决定萃取的成功与否

　　蒸制这一步可以说是热水和咖啡粉的第一次迅速接触。**这个蒸制阶段决定了咖啡的成分最终能否被高效地萃取出来。**请这样去考虑。

　　也就是说，蒸制过程是高效萃取咖啡成分的第一步，发挥着有效引出可溶性固体成分的作用。所谓"高效地萃取出可溶性固体成分"，也可以理解为咖啡本来所具有的甜味、酸味、苦味以及香味被适当地萃取出来。

　　蒸制的时候需要注意的地方有三点：

❶ 注水方式

❷ 蒸制时间

❸ 注水量

　　进行蒸制时请注意以上三点。

图15 热水的流速·流量·注水次数

※泡300克咖啡的情况

	注水	热水的比例	热水量	流速	操作时间		累计时间[1]
蒸制阶段	**1次**	20%	60克	3 ~ 4毫升/秒	注入约15秒	**大约1分钟**	
					等待约45秒		经过1分钟
萃取阶段	**2次**	20%	60克	5 ~ 7毫升/秒	注入约10秒	**大约1分钟**	
					等待约50秒		经过2分钟
	3次	60%	180克	5 ~ 7毫升/秒	注入约30秒	**约1 ~ 2分钟**	
					等待约30秒 ~ 1分30秒		经过3分钟 ~ 4分钟[2]

---

1 请在开始注水的同时启动计时器。

2 如果3 ~ 4分钟内水漏不完的话，请调整粒度。

❶ 注水方式："从中央向外侧边画圆边注入""离咖啡粉表面5厘米高"

首先，关于流量和流速，请以每秒3～4毫升为标准来控制注水速度。关于注水的高度，如果从太高的位置注入，滤床会被强烈的水流冲出坑来，导致粉末无法全部得到均匀蒸制。因此，应该将注水的标准高度设置为离咖啡粉表面5厘米高。

从滤床的中央向外侧慢慢地边画圆边注水，让水均匀地浇过粉末，这一点很重要。把水浇在滤纸的侧壁上也没关系，所以请带着让水浇遍所有粉末的意识来注水。

很多读者都认为如果把热水浇到滤纸的侧壁上，就会有热水不接触咖啡粉而直接漏出。但是，如果不把热水浇到滤纸的侧壁上，热水就无法接触沾在滤纸侧壁上的咖啡粉。

这样的话，咖啡粉中就既有被热水充分渗透的部分，也有未被热水渗透的部分，这就会导致萃取不均匀。

❷ 蒸制时间："约1分钟"

下一个要点是蒸制时间。一般认为，蒸制时间是开始萃取之前的"30秒左右"，但是我的意见不同。如果蒸制时间只有30秒左右的话，热水还没完全渗透到粉的表面就会进入萃取阶段，结果就会导致咖啡的溶解度变低。关于这一点，检测一下就能知道了。

检测的结果是，蒸制的时候等待"约1分钟"的话，可以促进粉末表面的可溶性固体成分的萃取，溶解度会有显著的提高。

虽然不管再怎么延长蒸制时间，都无法从粉的内部深处萃取出可溶性固体成分，但是通过延长蒸制时间，可以促进粉末表面的可溶性固体成分在萃取阶段高效溶解。这样咖啡就会变得更香甜，口感也会更好，请务必尝试一下。

❸ 注水量："整体的20%""一次倒完"

蒸制的时候请把水量标准设定为整个萃取过程用水量的20%。例如，用300克的热水来萃取18克咖啡的话，蒸制时的用水量就是300克的20%，所以要用60克的热水来蒸制。

蒸制用的热水量如果是萃取用水的10%的话，水就无法均匀地浇到所有粉末上，如果是萃取用水的30%以上的话，之后萃取阶段咖啡的浓度就会比预计的低。在蒸制过程中，热水要一次倒完，在保持流量和流速的同时，从中央开始画圆圈，将总用水量的20%的热水注入粉末中。

仔细地将热水浇在沾在滤纸侧壁上的咖啡粉上，避免不均匀萃取

"蒸制"是萃取过程中使豆子的成分能更高效地溶解的重要工序

萃取时注入热水的技巧

蒸制阶段结束后，应该进入正式的萃取阶段。我想对这个时候的流量、流速和注水方式做一下说明。

萃取阶段适当的流量和流速以每秒5～7毫升为宜。虽然这个设定数值非常细致，但是只需要以每秒5～7毫升的流量和流速来注水，咖啡的味道就会发生变化。

该数值比蒸制阶段的流量和流速大的原因在于，需要**通过水流来搅拌滤杯内的粉末**，需要通过水流从蒸制好的咖啡粉中有效地萃取可溶性固体成分。

为此，需要用水流来搅拌咖啡粉，利用水流的物理冲击来促进可溶性固体成分的转移。

不管秒速是不到5毫升还是超过7毫升，都不能使水流在滤杯内将粉末搅拌均匀。因此，流量和流速要以每秒5～7毫升的标准进行调整。

顺便说一下，如果速度接近每秒5毫升的话，浓度会稍微变高一些，速度接近每秒7毫升的话，浓度就会下降一点点。虽然是极端的微调，但也可以说是接近自己"梦中一杯"的最终调整环节。

注水的方法是从中央向外侧反复地边画圆圈边注入，直到热水把滤纸的侧壁也浇透，持续地倒完规定的水量。请一定要从滤床的中央开始倒，让咖啡粉和热水充分地接触。

之后，滤杯内的水位会慢慢上升，等水位充分上升之后，**请沿着滤纸的侧壁仔细地浇上热水。**

反复萃取的话，微粉就会渗出。通过与热水接触，原本被静电吸引到大粉末上的微粒子会在滤杯内漂浮，进而紧沾在容易漏出热水的侧壁上。

但是，如果沾在侧壁上的话，微粉就无法360度全方位地接触热水，所以要在滤杯的侧壁上浇上热水，让粉末再次回到滤杯内，与热水好好地接触，这样才能实现高效率地萃取可溶性固体成分的目标。

萃取阶段要将80%的热水分成20%和60%两次注入。请在蒸制阶段过去约1分钟后再进入萃取阶段。

萃取阶段第一倒用20%的热水，以每秒5～7毫升的流速注入。约1分钟后进行萃取阶段的第二倒，用和之前同样的流量和流速注入剩下60%的热水。

因此，把蒸制阶段和萃取阶段合起来的话，就如下所示：

第一倒 蒸制 = 20%（60克）约1分钟

第二倒 萃取 = 20%（60克）约1分钟

第三倒 萃取 = 60%（180克）约1 ~ 2分钟

合计使用了300克的水，约3 ~ 4分钟可以完成萃取过程。

萃取结束后，为了避免产生鸡蛋味，有人会在滤杯内的咖啡全部漏完之前就把滤杯取下来，但我觉得没必要，只要最后取下滤杯就可以了。理由是，我们预先已经控制好了使用的粉和水的萃取比例。

摇晃滤杯来均匀地萃取

在本书中，我们多次提到能否让全部粉末均匀地接触热水决定了萃取的成功与否。特别是在热水和咖啡粉第一次接触的蒸制阶段，如果不能使所有咖啡粉均匀地接触热水，那么之后萃取阶段的萃取效率就会大幅下降。

可以说，创造一个咖啡粉和热水均匀接触的闷热环境是萃取的关键。这样的话，烘焙的咖啡豆中的二氧化碳就可以高效地释放出来，就可以在萃取过程中制造出热水和咖啡粉全面接触的环境。

如果在蒸制阶段不能充分释放二氧化碳的话，含有二氧化碳的咖啡粉很容易浮在热水表面。

另外，如果在蒸制阶段咖啡粉不能均匀地接触热水，滤杯中就会出现没有接触到热水的粉块，从而造成溶解度比预计的低，味道也会因此和想要的相距甚远。

咖啡的成分在接触热水的瞬间最易溶解。也就是说，错

双手拿着滤杯像画圆一样摇动，可以高效地搅拌咖啡粉

过这个时机的话，溶解度可能会降低。但是，如果只是单纯地把热水倒在滤床上，很难让水均匀地渗入粉末中。

当然，也有用汤匙等来搅拌的方法，不过，最简单的方法是**晃动滤杯**。倒完热水之后，双手端着滤杯，像画圆一样摇晃滤杯三次左右。

这样的话，粉末和水就可以迅速地混合在一起，从而实现高效的蒸制。另外，在**第三倒的时候也可以摇晃滤杯三次左右**，以防止粉末沾在滤杯侧面，还可以在滤杯内的水滴落下来之前，使水和粉末均匀接触。

比起萃取时间，更要注意"接触时间"

关于滴滤式咖啡的萃取时间，一般认为是2～3分钟，我认为比起萃取时间，更应该注意的是"接触时间"。

这个接触时间指**热水和咖啡粉在滤杯内实际接触的时间**，是我创造的新词。例如，虽然我说过蒸制时间要比平时长些，需要约1分钟，但并不是说热水要在滤杯里停留1分钟。蒸制开始的时候，滤杯内的水已经漏光，从这时起再经过约1分钟才算蒸制时间，这样就产生了时间差，所以，不管怎么算，萃取时间都会变长。

因此，请注意，本书的萃取时间以3～4分钟为基准。另外，如果萃取时间超过3～4分钟，粒度不能过于细小，所以请**将粒度设定得稍粗大一些**。

相反，萃取时间不满3分钟的话，请把粒度稍微调小一点。一定要控制好粒度，让其符合相应的萃取时间。

如果仅以萃取时间来评判萃取是否成功的话，无论如何，若是超过了合适的萃取时间，就会本能地认为萃取失败了，所以不推荐这种思考方式。

虽然不否定萃取时间在一定程度上可作为标准来遵守，但是与之相比，测量热水和咖啡粉实际接触的时间在萃取中要更为重要。

因此，本书中的萃取时间设定得比一般的标准要长。不单以萃取时间为指标，而是同时考虑热水和咖啡粉实际接触的时间，我觉得这样会有新的发现。

通过温度来调整浓度

根据喜好的不同，萃取咖啡的理想温度带被设定在80℃到100℃之间。我平时用的标准温度带如下：

滴滤式咖啡：92℃

另外，因为热水的温度和咖啡的浓度相关，所以请在了解了喜欢的浓度和味道的基础上决定适合自己的基准温度带吧。

接下来应该考虑的是烘焙程度。根据烘焙程度的不同，理想的温度带也会出现上下浮动。下面表示的是滴滤式咖啡的目标温度带：

轻度烘焙 ➡比基准温度高 2℃ ~ 4℃

中度烘焙 ➡与基准温度相同

深度烘焙 ➡ 比基准温度低 2℃ ~ 4℃

为什么理想的萃取温度会根据烘焙程度发生变化呢？理由是，烘焙程度不同，咖啡中的可溶性固体成分的溶解程度也不同。

烘焙之前的生豆细胞的构造是细胞壁包裹着细胞膜。与其他植物相比，生豆的细胞壁非常厚，通过烘焙能使生豆被加热，使其组织软化，这样才可能进行萃取。

烘焙程度越深，其细胞组织就会变得越软，不需要那么多的能量可溶性固体成分就能溶解在热水里。相反，烘焙程度较浅时，如果不利用热水的能量，就无法有效地萃取出可溶性固体成分。

因此，无论烘焙程度是深还是浅，如果使用同一温度带的热水进行萃取，就有可能造成过度萃取或不完全萃取。也就是说，根据烘焙程度来选择热水的温度，就能萃取出适量的可溶性固体成分。

为什么使可溶性固体成分溶解在热水里很重要呢？因为这会直接影响咖啡的味道。为了更好地萃取咖啡所具有的甜味、酸味、苦味和香味，需要使适量的可溶性固体成分溶于热水中。相反，如果无法使适量的可溶性固体成分溶于热水中，就会导致咖啡浓度变低或出现酸味和鸡蛋味等。

另外，水的温度不同，咖啡的味道也会不同。水的温度越高，水分子的运动就越激烈。由于高温会导致分子的热运动变激烈，所以咖啡的成分比低温时更容易被萃取出来。水温直接关系着**"萃取力"的强度**。

例如，作为浸泡萃取法代表的法压壶式是"一次性注入"类型的萃取方法，只需一次性注入热水，然后等待。这种纯粹依靠热水的萃取力的萃取方法，其理想的萃取温度是100℃左右。

相反，作为透过萃取法代表的滴滤式则是"分多次断续注入"类型的萃取方法，因为这种方法要通过水的对流来促进萃取，需要断续地注入新鲜的热水，所以使用比法压壶式对应的理想温度低的92℃～96℃比较好。

根据这个特性，如果用平时用的温度萃取，感觉咖啡太浓的话，只要降低水的温度咖啡的浓度就会变低；如果觉得咖啡再浓一点会比较好，可以通过提高水温来解决。如果想对咖啡的浓度做大幅度的调整，改变粒度是最合适的办法；不过，如果只想微调的话，可以通过改变热水的温度来解决。

想提高浓度 ➡ 温度"升高2℃～4℃"

想降低浓度 ➡ 温度"降低2℃～4℃"

如果想要更好的咖啡体验，就要正确把握自己喜欢的味道，在了解适合不同烘焙程度的温度带的基础上灵活地改变萃取温度。

加热滤杯

意识到"实质性的萃取温度"也很重要。所谓"实质性的萃取温度",是指"滤杯内的热水的温度"。如前文所述,滤杯的材质不同,实际的萃取温度也会发生变化。特别是拥有众多粉丝的陶瓷制滤杯,由于滤杯本身的温度,实质上的萃取温度会发生戏剧性的变化。

在冬天那样寒冷的季节,如果室温为5℃,滤杯的温度也会变低,如果不加热杯子就直接萃取咖啡,即使好不容易测量了热水的温度并萃取了咖啡,实质上的萃取温度也会大幅下降。

因此,在做滴滤式咖啡时,一定要先给滤杯加热再进行萃取。萃取用的热水也可以用来加热滤杯,所以请好好地加热滤杯吧,确认滤杯热了之后再开始萃取。

通过加热滤杯,能够尽可能地让实质上的萃取温度接近使用的热水的温度,这样味道上的偏差就会变小。

用热水淋滤杯，使其杯身的温度接近萃取时使用的热水温度

咖啡的成分基本上都是"水"

除了萃取的六项数字规则以外，对味道有很大影响的因素是"水"。

在滴滤式咖啡中，水的比例高达98% ~ 99%，咖啡的成分（所有可溶解的固体成分）约占1% ~ 2%。即便是以高浓度闻名的意大利浓缩咖啡，其咖啡成分也只占10%左右，其余90%左右都是由水构成的。咖啡的成分基本上都是水，这一事实是不会变的。

水有一个硬度指标。水的硬度由水中所含矿物质的量决定，依此可将水分为"软水""中硬水"和"硬水"。就日本而言，萃取用水的理想硬度为30mg/L ~ 80mg/L，相当于"软水"。

我觉得硬度为30mg/L ~ 50mg/L的水比较好，所以我购买了硬度在这个区间内的矿泉水。

顺便说一下，水的硬度大致标在矿泉水背面的标签上，咖啡99%都是水。

使用不同的水来冲泡，

味道会有很大变化。

请参考其数值来购买。世界卫生组织（WHO）规定每升水中矿物质含量不足120毫克的水为软水，数值在此之上的则为硬水，日本的水基本上都是软水。

欧洲和北美的水则较多为硬水，具有代表性的比如常见的依云（Evian）。本书推荐的矿泉水在第六章中会有详细介绍。

但是，为什么要说"就日本而言，萃取用水的理想硬度"呢？因为理想的水的硬度实际上每个国家都不一样，而水的硬度对烘焙有很大的影响。

为了确认烘焙的完成情况，咖啡商最先要进行的是味道的检查。此时的基准毫无疑问是水。

就烘焙这一味道制作工序而言，因为要反复检查味道和更改烘焙程度，所以可以说味道都是由使用的水来决定的。例如，在以硬度高的水为基准进行烘焙时，烘焙指南就是为了能用硬度高的水来萃取美味的咖啡才制定的。

那么，如果用硬度低的水萃取咖啡的话，能实现咖啡商想要的味道吗？恐怕结果会使烘焙造成的焦糊味变明显。也就是说，在萃取的过程中，**重要的是使用适合该地区所产咖啡的水**。

使用自来水的时候，建议先用净水器过滤一下，再把煮沸的时间设置得比平时长一些，在去除了漂白粉味道的状态下使用。

水的科学——适合萃取的水的秘密

近年来，咖啡界对水的重要性及其科学性的理解不断加深。促成这一现象的重要契机是英国代表麦克斯韦·科隆纳–达什伍德（Maxwell Colonna–Dashwood）2014年在世界咖啡师大赛上做的演讲。

他的演讲基于其与当时在英国巴斯大学工作的克里斯多夫·亨顿（Christoopher Hendon）所做的共同研究，详细揭示了水对咖啡味道产生影响的科学背景。

这个演讲给咖啡业界带来了冲击，可以说是促成对水的理解产生很大飞跃的事件。当时，对于咖啡而言，水的重要性一直是用TDS数值表示的。

将TDS翻译成汉语为"总溶解固体"。简而言之，就是溶于水中的有机物和无机物的总量。也就是说，包括钙、镁等矿物质在内的**所有可溶于水的溶解性物质的总量**。

例如，根据2009年11月特调咖啡协会（旧称SCAA）

发表的报告《萃取特调咖啡所用的水》，理想的萃取用水的规格如下：

理想的TDS数值 ➡ 150ppm
容许范围的TDS数值 ➡ 75ppm ～ 250ppm

也就是说，萃取用水的理想TDS数值是150ppm，容许范围是75ppm ～ 250ppm。顺便说一下，日本自来水的TDS数值大概是100ppm左右。虽然也在容许范围内，但是TDS数值表示的是所有电解质的总量，对于水自身却完全不做限定。

注意到TDS数值的不协调感的人是麦克斯韦。他在英国巴斯经营了一家咖啡店，当时他从多个咖啡供应商那里进货并出售咖啡豆。有一次，他发现从伦敦进口的咖啡味道很奇怪。

明明应该有清爽的酸味和明快的果味，结果味道却完全不同。他测试了所有和萃取相关的变量，试图改善咖啡的味道，但都没成功。

于是，他和咖啡供应商商量了一下，拜托他们再检查一下有问题的咖啡，结果得到的是"品质完全没有问题"的回复。当然，麦克斯韦也很清楚，那位负责人是一位老手，职业生涯很长，并不是会说谎的不诚实的人。

于是麦克斯韦假设导致味道差异的原因可能是水，并开始和巴斯大学的克里斯多夫·亨顿进行共同研究。

他们仔细地分析了矿物质会如何影响咖啡的味道，并明确了其因果关系。请记住主要的矿物质对咖啡味道的影响。

钙 ➡ **主要引出质感（本味和口感[1]）**
镁 ➡ **主要引出酸味（水果味）**

钙是一种萃取能力很强的矿物质，对咖啡的浓度起着重要的作用。另外，镁是引出咖啡香味不可或缺的矿物质。

钙、镁都是咖啡萃取中十分重要的矿物质，能够阐明它们的作用，可以说是取得了非常大的成果。但是，这个研究最重要的发现是阐明了**"碳酸盐硬度"**的作用。碳酸盐硬度在萃取中起着缓冲材料的作用，是适应酸碱度（pH）变化的优秀成分。**可以说，咖啡的味道能被平衡地萃取出来**，它是不可或缺的存在。

但是，碳酸盐硬度太高的话，会消除咖啡丰富的味道和酸味。相反，碳酸盐硬度过低的情况下，会引出鸡蛋味、酸味和涩味，咖啡的味道会变成以酸味为主。

刚才给大家讲的麦克斯韦咖啡店里发生的事情，正是碳

---

1 在口腔中的质感。

酸盐硬度发挥作用的结果。即使TDS值在容许范围内，如果碳酸盐硬度差异很大，咖啡的味道也会从根本上被颠覆。

硬度为零或无限接近于零的水（蒸馏水或纯净水）之所以不适合用来萃取咖啡，就是因为这方面的原因。因此，虽然有"萃取咖啡要用蒸馏水！"这样的广告，但是如果没有矿物质，咖啡的味道是无法被引出来的，所以需要注意。

那么，水的硬度越高就越适合萃取咖啡吗？事实上，如果硬度太高的话，咖啡的味道是无法被高效萃取的，因为水中空间都被矿物质所占据，无法充分地萃取咖啡的成分。水的硬度过高的话，碳酸盐的硬度必然会上升，从而造成咖啡的味道没有起伏感，所以也不推荐使用。

改变萃取用水，咖啡的味道会发生戏剧性的变化。请一定要试用不同的矿泉水，去寻找能够再现自己喜欢的咖啡味道的水吧。

世界上最美味的咖啡的萃取要点总结

到此为止，我已经向大家介绍了冲泡出自己喜欢的"世界上最美味的咖啡"所需的萃取技巧和思考方式，不过，大家可能会觉得有点难。

最后在这里，除了萃取的六项规则，我还总结了前面所涉及的有关萃取比例、摇晃、水等从计量到萃取的所有要点。

本书向大家介绍的信息和技巧反映了我个人对萃取的思考。我认为，在依据数值设计萃取方案的基础上，使用适当的技巧促进均匀萃取，高效率地引出可溶性固体成分，是接近自己喜欢的"世界上最美味的咖啡"的最佳方法。那么，我们来整理一下萃取的要点吧。

●豆子的重量

不要用计量汤匙来测量，要用计重秤来给咖啡豆称重。这样无论是轻度烘焙的豆子还是深度烘焙的豆子，都能保持一致，以重量为标准来正确地称量咖啡。

●热水的重量

不要把容器上标注的刻度当作标准，而是要称量实际使用的热水的重量。为此，需要把咖啡粉、滤杯、滤纸和容器都放在计重秤上，将重量设定为零后注入热水。

●萃取比例

用来萃取的水量为100克的话，需要的咖啡豆的重量为6～8克。根据对浓度的喜好来微调使用的粉量比较好。

●萃取时间 / 接触时间

萃取时间的一般基准为2～3分钟，但是本书推荐的萃取时间基准为3～4分钟。不过，相比于萃取时间，滤杯内的热水和咖啡的实际接触时间更为重要。即使萃取时间超过了3分钟，如果接触时间在2～3分钟之间，也没有问题。

●水温

请控制萃取用水的温度。根据烘焙程度灵活地改变萃取用水的温度很重要。例如，对应轻度烘焙与深度烘焙的不同，可以从基准温度（92℃）中增减2℃～4℃，根据烘焙程度的不同用温度适合的热水进行萃取。在萃取之前，请彻底加热滤杯。

●蒸制

有人说，如果滤床膨胀成咖啡圆顶那样，且注入的热水不从滤杯中漏出，那么蒸制就算成功了，这与本书的蒸制目标没有关系。本书所谓的蒸制目标，是在所有咖啡粉上浇上热水，使其充分释放二氧化碳，为萃取阶段能有效地引出咖啡中的可溶性固体成分做好准备。一般蒸制30秒左右，但是蒸制1分钟左右的话，溶解度会显著提高。

●注水方式（流量、流速、次数、高度）

注水的时候，蒸制阶段的适当流量和流速为每秒3～4毫升，萃取阶段的适当流量和流速为每秒5～7毫升。注水时还要把水流会搅拌咖啡粉的情况考虑进去，从距咖啡粉表面5厘米的高度注水。从滤床的中央向外侧边画圆边注入热水，就像制造旋涡一样，不要放过滤杯的侧壁，请一并浇上热水。

●摇晃

蒸制阶段注入热水之后，马上用双手端起滤杯，像画圆那样摇晃滤杯内的咖啡粉和热水，摇晃三次左右。这样的话，咖啡粉和水就可以很快地混合在一起，从而进行高效的蒸制了。

另外，第三次注水的时候也可以摇晃三次左右，以防止咖啡粉沾在滤杯侧面，还可以使滤杯内的水在滴落之前和咖啡粉均匀接触。

●水

萃取时使用硬度为30mg/L ~ 50mg/L的矿泉水比较好。硬度极高的水以及硬度为零的蒸馏水、纯净水等，都不适合用于萃取咖啡。如果使用自来水的话，要在煮沸后去除漂白粉味才能使用。

依据数值设计萃取方案，使用适当的技巧促进均匀萃取，是接近自己喜欢的『世界上最美味的咖啡』的最佳方法。

基本的萃取配方

※ 水量为300克时

豆子和热水的量

· 豆子18克（中度烘焙）

· 烧到92℃的水

· 准备超过300克的水（用于冲泡）

※ 使用硬度为30mg/L~50mg/L的矿泉水。

加热滤杯

· 放置滤纸

· 用热水给滤杯加热

· 倒入磨好的咖啡粉

· 将咖啡粉弄平

※ 滤杯是陶瓷材质时要充分加热。

开始萃取/蒸制　　**第一倒**

· 60克（20%）的热水

· 每秒3毫升~4毫升

· 5厘米的高度

· 从中心向外侧像制造旋涡一样将水浇到
　咖啡粉的每一处

※ 在设置为0的计重秤上秤出60克的热水，
然后注入滤杯中，用计时器开始计时。

摇晃滤杯

· 像画圆一样将滤杯摇晃三次左右

· 使水和咖啡粉均匀混合

· 从开始摇晃算起，大约需要1分钟

※ 为了使滤杯内的水和粉能够充分接触而摇晃滤杯。

萃取　　　 第二倒

· 60克（20%）的热水

· 每秒5毫升~ 7毫升

· 从中心向外侧像制造旋涡一样将水浇到咖啡粉的每一处

· 从开始算起，需要约2分钟

※ 如果滤杯内的热水在2分钟内没有完全排出，下次请将粒度设置得稍粗一些。

萃取　　　 第三倒

· 180克（60%）的热水（直到计重秤上的数值达到300克为止）

· 为了防止咖啡粉沾在滤纸侧面，再次摇晃三次滤杯

· 热水全部漏出后，萃取完成

※ 萃取时间为3 ~ 4分钟，接触时间为2 ~ 3分钟及以上时，粒度要设置得稍微粗一些。水漏下来的时候，滤床变平的话，萃取就算成功了。

CHAPTER 5

第五章

五杯『基本口味』的魔法配方

清凛、浓郁、清爽、醇厚，加上平衡，构成五种基本味道咖啡师推荐的配方

清凛

配方 1

芳醇浓厚的香味和
突出的酸味

[致追求清凛口感的你]

- **推荐的咖啡品类：**肯尼亚（水洗式）、哥伦比亚（水洗式）、中美洲所有品种（水洗式）等
- **烘焙程度：**轻度烘焙～中度烘焙
- **水：**硬度为30mg/L左右的矿泉水
- **粒度：**中小粒度
- **萃取比例：**水100克∶豆6克（水300克∶豆18克）
- **水温：**94℃～96℃
- **接触时间：**2分钟～2分30秒
- **萃取时间：**3分钟～4分钟
- **滤杯：**V60、科诺

[要点解说]

如果想追求清凛口感，重要的是要通过粒度设定来提高浓度，选择容易引发酸味的咖啡豆，设定合适的烘焙程度。

一般来说，肯尼亚（水洗式）咖啡豆和哥伦比亚（水洗式）咖啡豆是容易引出清凛味道的品种，所以如果再选择烘焙程度在轻度到中度之间的咖啡豆，就很容易引出清凛的味道了。我认为，使用流速比较快的V60或科诺的滤杯比较好。

[小建议]

通过保持较高的萃取温度可以更好地引出清凛的酸味。因为使用陶瓷制滤杯进行萃取能保持较高的萃取温度，所以推荐追求清凛口感的人使用陶瓷滤杯。这个时候一定要仔细给滤杯加热后再使用，同时请不要在通风良好的地方进行萃取。另外，用富含镁的矿泉水来萃取的话，可以萃取出更清凛的酸味。

浓郁

配方 2

本味和苦味浓厚的风味

[致追求浓郁口感的你]

- **推荐的咖啡品类：** 印度尼西亚（水洗式）、所有深度烘焙的咖啡等
- **烘焙程度：** 中度烘焙～深度烘焙
- **水：** 硬度为30mg/L左右的矿泉水
- **粒度：** 较大粒度
- **萃取比例：** 水100克：豆8克（水300克：豆24克）
- **水温：** 88℃～90℃
- **接触时间：** 2分钟～2分30秒
- **萃取时间：** 3分钟～4分钟
- **滤杯：** 卡丽塔波浪杯、梅丽塔、卡丽塔三孔杯

[要点解说]

为了引出浓郁的口感，需要设定高浓度来引出苦味。为了引出苦味，必须选择烘焙程度深的豆子。因此，只要烘焙程度较深，我觉得什么样的咖啡品种都可以。

为了引出浓度感，将萃取比例变更为每100克水配8克咖啡，同时将粒度调整为较大粒度。不调小粒度，反而增加粉量，其理由是防止过度萃取。

由于烘焙程度越深溶解度越高，所以如果粒度设定较小的话，鸡蛋味和涩味就会变得明显。降低水温的理由也一样。另外，如果想大幅度地提高浓度，用流速慢的梅丽塔滤杯进行萃取会更好。

[小建议]

如果想追求更高的浓度，请将蒸制时间延长到1分半。为了最大限度地引出印度尼西亚咖啡的本味，建议使用富含钙的矿泉水。如果在意苦味的话，请试着将热水的温度降低2℃来萃取。

清爽

配方 3

轻爽的酸味
和水果味

[致追求清爽口感的你]

- **推荐的咖啡品类：** 埃塞俄比亚（水洗式）、瑰夏种（水洗式）、中美洲所有品种（水洗式）等
- **烘焙程度：** 轻度烘焙～中度烘焙
- **水：** 硬度为 30mg/L 左右的矿泉水
- **粒度：** 中等粒度
- **萃取比例：** 水 100 克：豆 6 克（水 300 克：豆 18 克）
- **水温：** 94℃ ～ 96℃
- **接触时间：** 2 分钟～ 2 分 30 秒
- **萃取时间：** 3 分钟～ 4 分钟
- **滤杯：** V60、科诺

[要点解说]

追求清爽口感的时候，选择容易引出酸味的咖啡豆很重要。为了使浓度比口感清凛的咖啡更低，先采用中等粒度设定试试吧。

咖啡豆推荐选用埃塞俄比亚（水洗式）、瑰夏种（水洗式）咖啡或中美洲的所有品种（水洗式）。虽然中美洲咖啡包括的范围很广，但其中特别推荐危地马拉（水洗式）咖啡。

[小建议]

在追求清爽口感的情况下，最重要的是粒度设定。要是过于大胆地选了大粒度的话，味道会变淡，所以改变粒度时请循序渐进地进行。如果使用的是不能细微调节粒度设定的研磨机，请在将萃取比例微调为100克：7克的基础上试着引出适当的浓度感。另外，在享用埃塞俄比亚品种和瑰夏种等香味丰富的咖啡时，如果用边缘较薄的茶杯，香味和细腻的味道会更胜一筹。

醇厚

配方 4

轻微苦味与柔和
口味搭配的醇厚感

[致追求醇厚口感的你]

- **推荐的咖啡品类：** 巴西（日晒式）、中美洲（水洗式）咖啡等
- **烘焙程度：** 中深度烘焙～深度烘焙
- **水：** 硬度为30mg/L左右的矿泉水
- **粒度：** 较大粒度～大粒度
- **萃取比例：** 水100克：豆8克（水300克：豆24克）
- **水温：** 90℃～92℃
- **接触时间：** 2分～2分30秒
- **萃取时间：** 3分～4分30秒
- **滤杯：** 卡丽塔波浪杯、梅丽塔或卡丽塔三孔杯

[要点解说]

为了引出醇厚感，浓度要调低，苦味要有一定程度的加强，所以烘焙程度要在中深度到深度之间选择。

我觉得选择咖啡豆的区域应设置为中美洲，萨尔瓦多最为合适。虽然口感醇厚的咖啡的萃取比例与口感浓郁的咖啡的相同，但是可以通过把粒度设定得稍微大一点来降低浓度。

[小建议]

萃取用水的温度比基准温度要低2℃左右，这样可以产生更加醇厚的味道。如果以每100克水对应8克咖啡的萃取比例来萃取，感觉浓度稍高的话，请把咖啡的对应量减少到7克。即使如此仍感觉浓度高的话，请把粒度设定得再稍微大点，这样萃取出的咖啡会更接近自己喜欢的浓度。

平衡

配方5

甘甜与酸味的
绝妙调和

[致追求平衡口感的你]

- **推荐的咖啡品类：**巴西（水洗式）、中美洲（水洗式·日晒式）咖啡等
- **烘焙程度：**中度烘焙
- **水：**硬度为30mg/L左右的矿泉水
- **粒度：**较大粒度～大粒度
- **萃取比例：**水100克：豆8克（水300克：豆24克）
- **水温：**92℃～94℃
- **接触时间：**2分钟～2分30秒
- **萃取时间：**3分钟～4分钟
- **滤杯：**卡丽塔波浪杯、卡丽塔三孔杯

[要点解说]

如果你喜欢温和的口感，那么把目标定位为酸味和苦味适中、既不太浓也不太淡是很有必要的。可以先试一下中度烘焙的巴西（水洗式）咖啡。

根据萃取手法的不同，埃塞俄比亚咖啡和瑰夏种（日晒式）咖啡会远远脱离温和口感的范围，所以如果可能的话，我认为可以尝试一下中美洲的哥斯达黎加咖啡。滤杯最好使用卡丽塔波浪杯或卡丽塔三孔杯。

[小建议]

如果想追求更均衡的柔和口感，请尝试一下让热水保持在90℃ ~ 92℃。另外，蒸制时间也要延长到1分半，这样能充分地引出咖啡粉中的可溶性固体成分，享受到平衡感好的味道。

CHAPTER 6

第六章

推荐的18种咖啡商品

有助于再现味道，让你在家也能品尝咖啡师做出的味道的最强工具。工具变了，味道也会改变！

矿泉水

1

三得利天然水
（三得利）

这种水的包装上写的是
"南阿尔卑斯山的天然水"，
它是日本各地最容易入手
的万能型水，适合深度烘
焙和轻度烘焙的豆子。性
价比很高，我自己在家就
很喜欢用。需要注意的是，
根据地区的不同，水的硬
度稍有不同。九州地区卖
的"三得利阿苏的天然水"
的硬度就相当高。要注意
其和咖啡的相容性问题。

2

水晶泉
（大冢食品）

其硬度约为38mg/L，是
进口产品中少见的软水。
因为这种水的镁含量比国
产的矿泉水要高，所以想
引出酸味和香味的话，它
是最适合的。这种水适合
轻度烘焙的清凛和清爽类
型的咖啡，但在萃取像瑰
夏种和日晒式咖啡那样味
道丰富的咖啡时也可尝试。

3

丸山咖啡的标准水
（丸山咖啡）

其硬度与三得利（南阿尔
卑斯山的天然水）的相同，
约为30mg/L。这种水中
的钙和镁的平衡非常好，
咖啡的口感、酸味和香味
都能被充分萃取，是咖啡
专用的矿泉水。属于清凛、
清爽、浓郁、醇厚和平衡
五种类型的咖啡都能使用
的万能型水。

手摇研磨机

4

司令官/科曼但丁 C40

它是德国制造的世界最高水平的手动研磨机。世界顶级的咖啡师在比赛时也会使用这种研磨机。它采用被称为硝基刀片的不锈钢材料作刀刃，通过高精度的校直（刀刃的咬合）制作出极佳的粒度。我很喜欢使用这种研磨机。

照片来源：http://www.conmantegrinder.com/

5

咖啡研磨机（PORLEX）

从细磨到粗磨，这款研磨机可以让你根据喜好调整粒度设置。因为其更加智能的外观和紧凑的设计，它也适合进行户外活动时使用。因为使用了陶瓷刀刃，所以耐久性很高，也可以水洗，是比较容易维护的国产研磨机。

照片来源：http://www.porlex.co.jp/

6

HG-1（Lyn Weber）

这是由之前担任苹果公司产品设计团队亚洲负责人的道格拉斯·韦伯开办的"Lyn Weber工作室"制造的一款性能超高的手摇研磨机。它使用的是通常搭载在几十万日元的研磨机上的刀刃，其研磨的咖啡粉粒度分布能达到业务级别，完全没有废屑。设计非常合理，是很漂亮的产品。

电动研磨机

7

NEXT G
（卡丽塔）

这是卡丽塔推出的家用电动研磨机的最高峰。如果你使用过电动研磨机，一定遇到过粉末因静电而飞散的情况，但NEXT G具有除静电功能，可以防止粉末飞散。其研磨的咖啡粉粒度也很均匀，可以说是适合滴滤式咖啡的研磨机。它通过低速旋转防止摩擦生热，是一款静音效果很好的产品。其粒度设定有15个等级，可以让高度自由的粒度设定成为可能。

8

见子咖啡研磨机R-220
（富士咖啡机）

小型茶馆和咖啡店使用的业务级研磨机"见子"口碑颇好，我也推荐作为家用研磨机使用。它采用了被称为"鬼齿磨刀"的能够迅速把豆子碾碎的刀刃，特别是对于中等颗粒到大颗粒范畴内的咖啡豆而言，是很优秀的研磨机。另外，因为它比较不容易磨出微粉，所以适合做滴滤式咖啡。它是一款与容易引出属于浓郁、醇厚味道范畴的深度烘焙咖啡豆相匹配的研磨机。

9

Svart Aroma
（威尔夫Wilfa）

威尔夫是创建于1948年的挪威厨房家电制造企业。那位获得2004年世界咖啡师大赛冠军，同时担任世界著名咖啡品牌 Tim Wendelboe的品质监督的挪威选手，家用的研磨机就是Svart。它采用的是不锈钢的圆锥刀刃，是一款从粗粒到意大利式细粒都能研磨的应用范围很广泛的优秀产品。

照片来源:https://www.wilfa.no/

10

Encore Conical Burr 咖啡研磨机（巴拉茨Baratza）

巴拉茨是一家以美国西雅图为根据地，专门制作特调咖啡的研磨机制造商。从性能上来说，这款研磨机和威尔夫的Svart相似，可以满足从粗磨到细磨咖啡的广泛需求。另外，巴拉茨也有Fort-BG(forute) 那样的高价系列，作为可以测量粉量克数的高规格研磨机，非常优秀。

照片来源:https://www.baratza.com/

咖啡机

11

摩卡大师KBGC741A0系列（TECHNIVORM）

这款来自荷兰的咖啡机是世界上最受欢迎的高级咖啡机。一般咖啡机的瓶颈在于萃取温度过高或过低，摩卡大师能在92℃～96℃这样的高温下进行萃取。此外，你还可以根据个人喜好调整其保温板的温度，在适合自己口味的温度范围内享用咖啡。

12

SVART精密自动咖啡机（威尔夫Wilfa）

这是一款来自挪威威尔夫的咖啡机。很多咖啡机刚开始工作时热水的温度都稍低，之后才渐渐升高，但是这款咖啡机从热水出来的瞬间开始就可以在高温下进行萃取。另外，其滤杯的下部附有可以控制流量的标记，是一款可以根据个人喜好选择慢慢萃取或是快速萃取的自由度很高的咖啡机。

照片来源:https://www.wilfa.no/

13

V60自动萃取式咖啡机
Smart7 BT（HARIO）

这款能够再现手工滴滤式咖啡的咖啡机是由制造出V60滤杯的著名HARIO公司发布的IoT型咖啡机的第一款。它是一款能够控制手工滴滤过程中对味道有重要影响的因素——水温、热水量、速度（流速）——的咖啡机。你还可以从其触摸屏上轻松地得到现成的配方，在应用程序上共享自己的配方。

14

V60自动萃取式咖啡机
SmartQ SAMANTHA
（HARIO）

这款咖啡机可以用智能手机直观地制作配方。如果使用咖啡师模式的话，可以设定自己喜欢的水量和注水次数，能够忠实地再现自己喜好的滴滤式咖啡。因为其容器的容量变大了，可以连续萃取，对于很讲究但又想轻松享用咖啡的用户来说，这是最适合不过的了。

电水壶 / 温度计

15

Bonavita 1L
鹅颈式电热水壶（Bonavita）

这是一款带有温度调节功能的电热水壶。我很喜欢用它。在60℃ ~ 100℃之间，你可以以1℃为单位来设定温度，也可以在设定的温度下保温，所以无论是作为咖啡专用的水壶，还是从温度管理的角度来看，它都是很棒的水壶。其被称为"鹅颈"的壶嘴可以对注水过程进行细微的控制，可以很轻松地管理水流的流量和流速。

16

特福温度调节电热水壶0.8L

这款水壶加热到沸腾的速度很快，而且可以从80℃开始以每5℃为阶梯来设定温度并保温。可能有人会觉得这款壶很难往外倒水，但其实倒水的时候其注水口不会漏水，是能够实现细致倾倒的。和咖啡专用的水壶相比，这个壶很难控制水量和注水速度，但是作为初学时的工具使用，质量还是很好的。

计量秤 / 计时器

17

V60滴滤式咖啡专用计量秤（HARIO）

作为可以同时测量重量和萃取时间的咖啡专用计量工具，这款计量秤在全世界被广泛使用。因为它在具备计量功能的同时还能记录时间，所以使用它可以很容易地把握萃取情况。因为其只配置了萃取咖啡所需的最低限度的功能，所以价格也很亲民，对于想要咖啡专用计量秤的用户来说，它是最合适的。

18

acaia咖啡计量器pearl（acaia）

这是特调咖啡专用的计量秤。这款产品可以通过蓝牙将计量秤和终端设备连接起来，能够保存自己喜欢的配方，也可以和他人共享，其在这方面可谓表现出色。另外，根据设定好的配方，它还能显示成功率，而且很容易看明白，使用者能够客观地理解自己的萃取是否成功，这也是其特征。

结语

从我进入咖啡行业至今，已有约15年，在这期间咖啡所处的环境发生了巨大的变化。

由于新品种的兴起、萃取机器和研磨机等的显著进化、与萃取相关的理论和科学方法的普及、烘焙技术的提高……今天，我们可以轻松地享用十五年前无法想象的美味咖啡。

虽然有令人高兴的发展，但以下这些悲观的预测也是事实：在商品市场上，咖啡以低于农民生产成本的价格进行交易；受全球变暖的影响，到2050年，在很多地区栽培阿拉比卡品种的咖啡可能会变得困难。

为了使人类无比喜爱的咖啡——这一上帝赠予的礼物——能够持续发展下去，我们所能做的，不正是通过能够直接看到生产者面孔的透明性高的交易来选择性地购买咖啡，然后找到自己喜欢的"世界上最好喝的一杯"，每天以幸福的心情和平地享用咖啡吗？

我相信，这会成为一个让人们思考咖啡对未知人生所造成的影响的契机，是一个能让人们真正感受咖啡价值的瞬间。而且，如果这本书能助你一臂之力的话，我会从心底感到高兴。

现在全世界的人每天要喝20亿杯咖啡，咖啡已经成为我们生活中不可缺少的饮品。人们为什么对咖啡如此着迷呢？

"咖啡到底是什么？"——对于这个根源性的问题，我自己的回答是，咖啡是"将你引诱向另一个世界的存在"。

我想，我们是不是把咖啡当作了对现实世界的痛苦与辛酸的逃避，因而将其引入了生活中呢。

即使只有喝咖啡的那一瞬间，如果能忘记那份痛苦和辛酸，就能在只有自己知道的"另一个世界"让心灵得到休息。正因为咖啡与人类"活着"的根源愿望密切相关，所以长年俘虏着全世界的人们吧。

也就是说，我觉得喝咖啡时那种"松一口气"的感受是各国人共通的。对于每天都很忙碌、肩负重责而生活的现代人来说，和咖啡一起度过的时间是"逃避现实"的时间，是给予身心的无可替代的休憩。

另外，咖啡可以建立起"人与人之间的联系"。

只需喝一杯咖啡，你就能和人种、语言、肤色、国籍不同的人毫无理由地联系在一起，我觉得这么好的饮品只有咖啡。这之中没有政治、宗教和文化的差异。

咖啡有着超越差异、联结人与人的强大力量。全世界的人都喝咖啡，同样都感到放松，然后可以分享那份不经意的幸福。

以前，有位知名的经营者问我："井崎君，你的理想是什么？"我回答："世界和平。"虽然被骂说我是在开玩笑，但实际上我是非常认真的。

我真心相信，如果能在全世界孕育出咖啡所产生的小确幸连锁，世界就不会发生纷争，就能实现和平。

根据以上经验，我发起了名为"孕育和平（Brew Peace）"的理想活动。通过从美味的咖啡中获取的小确幸连锁让温柔的社会成为现实，这就是我所追求的未来，也是我从事咖啡工作的理由。

在写这本书的时候，钻石社的市川先生和我不厌其烦地交流了大约两年。我相信市川先生能给我这个执笔的机会，对于提高咖啡师的职业价值有很大帮助。谢谢他耐心的指导，衷心地感谢。

同时，我还要对咖啡业界的两位"父亲"表示感谢。一位是井崎克英，他将迷失目标的我引进了咖啡行业。另一位是丸山咖啡株式会社的丸山健太郎社长，在我成为世界冠军之前，他一直在耐心地培养我。

　　最后我要向我最爱的妻子表示衷心的感谢。在奔波于世界各地的生活中，她比任何人都更相信我，为了让我能以"像我"的身份活跃，她在各方面都给予了我支持。能有现在的我，多亏了我的妻子。真的非常感谢。

　　　　　　　　　　　　　　　　梦想着咖啡所创造的和平世界的
　　　　　　　　　　　　　　　　井崎英典

[作者]

井崎英典

第十五届世界咖啡师大赛冠军。
QAHWA株式会社董事长

1990年出生。高中退学后，一边帮助父亲经营咖啡店"Honey咖啡"，一边学习如何成为一名咖啡师。后以进入法政大学国际文化学部为契机，进入了丸山咖啡公司。2012年在日本咖啡师大赛中获胜，成为日本史上该比赛最年轻的优胜者。实现国内两连霸后，在2014年世界咖啡师冠军赛中成为亚洲第一位世界冠军，随后独立。现在一年有200天以上在国外度过，作为咖啡传道士在全球发起"孕育和平"（Brew Peace）的宣言活动。以欧洲和亚洲为中心，进行咖啡相关机器的研究开发，从小型店到大连锁店广泛地参与商品开发和人才培养。担任日本麦当劳的"高级烘焙咖啡""高级烘焙冰咖啡""新生拿铁"系列产品的监制。除了参演日本放送协会（NHK）的《逆转人生》之外，还多次在电视、杂志、网络等媒体上出现。

发现自己喜欢的口味的

咖 啡 笔 记

第　　杯

年　　月　　日

配方	备注

· 咖啡豆 （生产国·品种·克数等）

· 烘焙程度

· 水

· 粒度

· 萃取比例（水：豆）

· 水温

· 接触时间

· 萃取时间

· 滤杯

浓度（高）

清凛　　　　浓郁

酸味————苦味

清爽　　　　醇厚

浓度（低）

图书在版编目（CIP）数据

好的咖啡 /（日）井崎英典著；苏航译. — 北京：
北京联合出版公司，2021.6（2022.12重印）

ISBN 978-7-5596-4830-3

Ⅰ . ①好… Ⅱ . ①井… ②苏… Ⅲ . ①咖啡—基本知
识 Ⅳ . ①TS273

中国版本图书馆CIP数据核字（2020）第248364号

好的咖啡

作　者：（日）井崎英典		译　者：苏　航	
出品人：赵红仕		出版监制：辛海峰　陈　江	
责任编辑：高霁月		特约编辑：郭　梅	
产品经理：周乔蒙		版权支持：张　婧	
封面设计：尚燕平		美术编辑：任尚洁	

北京联合出版公司出版

（北京市西城区德外大街83号楼9层　100088）

北京联合天畅文化传播公司发行

天津丰富彩艺印刷有限公司印刷　新华书店经销

字数 116千字　787毫米×1092毫米　1/32　7.25印张

2021年6月第1版　2022年12月第4次印刷

ISBN 978-7-5596-4830-3

定价：68.00元